U0251897

中国古动物馆 著

ARTIME 时代出版
时代出版传媒股份有限公司
安徽少年儿童出版社

图书在版编目（CIP）数据

每天认识一只中国恐龙 / 中国古动物馆著 . — 合肥：安徽少年儿童出版社，2022.5
ISBN 978-7-5707-1139-0

Ⅰ．①每… Ⅱ．①中… Ⅲ．①恐龙 – 青少年读物
Ⅳ．① Q915.864-49

中国版本图书馆 CIP 数据核字（2021）第 142894 号

MEI TIAN RENSHI YI ZHI ZHONGGUO KONGLONG
每天认识一只中国恐龙　　中国古动物馆 / 著

出 版 人：张　堃　　选题策划：方　军　丁　倩　　责任编辑：方　军　丁　倩
插图绘制：张小燕　　装帧设计：乐读文化　　责任校对：江　伟
责任印制：朱一之
出版发行：安徽少年儿童出版社　E-mail:ahse1984@163.com
新浪官方微博：http://weibo.com/ahsecbs
（安徽省合肥市翡翠路 1118 号出版传媒广场　邮政编码：230071）
出版部电话：（0551）63533536（办公室）　63533533（传真）
（如发现印装质量问题，影响阅读，请与本社出版部联系调换）
印　　制：安徽新华印刷股份有限公司
开　　本：889 mm × 1194 mm　1/16　印张：11.25　字数：200 千字
版（印）次：2022 年 5 月第 1 版　2022 年 5 月第 1 次印刷

ISBN 978-7-5707-1139-0　　定价：118.00 元

创作团队

科学顾问

徐星

中国科学院古脊椎动物与古人类研究所研究员

恐龙复原图审定

廖俊棋

中国科学院古脊椎动物与古人类研究所博士

文字创作

张平

中国古动物馆副馆长

姚亦周

中国古动物馆外聘科普教师

葛旭

中国古动物馆展教部主任，古生物科普专家

孔明智
中国古动物馆展教部主管

顾霞
中国古动物馆展教部科普教师

张正
中国古动物馆展教部科普教师

李想
中国古动物馆展教部科普教师

金海月
中国科学院古脊椎动物与古人类研究所文献情报中心主任，
曾任中国古动物馆常务副馆长

王原
中国古动物馆馆长

恐龙复原图绘制

卢羽羽
北京服装学院美术学院研究生，
中国科学院古脊椎动物与古人类研究所
古两栖爬行类课题组科研助理

序一

公众对化石通常都很好奇，因此古生物学很容易成为科学传播的热门话题，而在所有化石中，恐龙可以说是小朋友们的最爱。因此，许多成年人也都喜爱恐龙。在自然科普图书市场，恐龙更是一个长盛不衰的话题，从刚刚识字的孩童到专业的恐龙研究人员，都有适合他们阅读的恐龙图书。

中国是恐龙研究的大国，我们拥有非常丰富的恐龙化石资源，在四川、云南、山东、新疆、内蒙古、辽宁等地都发掘出了大量不同时期、保存各异的恐龙化石。这些化石不仅为我们的科学研究提供了重要的支撑，同时也是我们普及恐龙知识的宝贵资源。然而现在的少儿恐龙科普图书中出现最多的恐龙，大部分都是国外的恐龙，化石产自中国的恐龙相对较少，这对我们来说是一件非常遗憾的事情。我国拥有数量众多的恐龙化石资源，也有很多优秀的恐龙研究人员，却没能及时地将属于我们自己的恐龙研究成果展示给我们的读者。

恰逢此时，安徽少年儿童出版社与中国古动物馆联合，推出了一本介绍中国恐龙的科普童书——《每天认识一只中国恐龙》。本书以中国恐龙为主题，率先挑选了60种有代表性的中国恐龙，这60种恐龙分布在我国的大江南北，几乎涵盖了目前国内发现有恐龙的所有省份，小读者可以在本书中找到发现于自己家乡的代表性恐龙。

另外，本书没有采用以前恐龙百科图书常用的内容分类形式，如按照兽脚类恐龙、蜥脚类恐龙、鸟脚类恐龙等类别划分，而是按恐龙中文名称第一个字的汉语拼音的首字母的顺序来排列，引导小读者每天认识一只恐龙。这样的呈现形式不仅使小读者阅读起来感到轻松有趣，还能培养他们坚持阅读的习惯。

本书以科普漫谈的形式来介绍恐龙，辅以大量精美的卡通趣图以及惟妙惟肖的恐龙复原图。相信读完这本书，你对中国恐龙会有全新的了解。现在，就让我们一起去认识那些生活在中国大地上的恐龙吧！

中国科学院院士
中国科普作家协会理事长　周忠和

序二

恐龙是深受小朋友喜爱的史前动物。它们统治地球长达1亿多年，在这漫长的时间里，恐龙一直惬意、悠闲地生活着。然而到了白垩纪末期，一场突如其来的灾难——一颗小行星与地球相撞，导致地球上的生态环境发生了剧烈变化。传统意义上的恐龙在这场灾难中没能幸存下来，最终走向灭绝。从人类命名第一只恐龙开始算起，直到现在，人类研究恐龙的历史不到200年，与恐龙统治地球的时间相比，可以说是微不足道。而恐龙的突然灭绝，也给我们留下了太多的谜团。

时至今日，人类对恐龙的研究还在继续。随着新化石的不断发现、新技术的不断应用，人们对恐龙的认知也在发生着变化：以前认为恐龙都是体形巨大、行动缓慢的动物，后来发现恐龙是一类很活跃的动物，其中许多种恐龙和现在的鸟儿大小相似；以前认为恐龙身体表面和现在的鳄鱼类似，体披鳞甲，后来发现有些恐龙身体上是长有羽毛的；以前认为恐龙真的退出了生物演化的历史进程，后来发现鸟类其实就是恐龙的直系后代。从这个意义上讲，恐龙其实从来就没有灭绝，而是一直生活在我们身边。

恐龙是对小朋友进行科学教育的一个很好的切入口。当一个喜欢恐龙的小朋友说出某只恐龙的名字时，他的脑海中一定会浮现出这只恐龙的模样。与其他一些比较抽象的事物相比，恐龙很强的形象性有助于对小朋友进行科学教育。最重要的是，恐龙作为已经灭绝的史前生物，永远都充满了神秘感。它会给小朋友带来无穷的想象力，激发他们对科学、对自然的兴趣。

《每天认识一只中国恐龙》是中国古动物馆为小朋友准备的一本中国恐龙科普图书。书中的恐龙全都生活在中国的土地上，这对于想了解中国恐龙的小朋友来说，是一本很好的科普读物。另外，书中在介绍每一只恐龙时都采用了一个有趣、形象的标题，小朋友读下来会对中国恐龙的印象更加深刻。

我希望小朋友喜欢恐龙，期待他们通过阅读《每天认识一只中国恐龙》这本书，能多学点有关中国恐龙的知识，更加热爱我们生活的这片土地，增加对科学和对自然的兴趣。

中国科学院古脊椎动物与古人类研究所研究员 徐星

目录

当你翻开这本书，每天认识一只中国恐龙后，可以在表格中相应的位置做个记号！

阿拉善龙	彩虹龙	长春龙	大夏巨龙	单脊龙	峨眉龙	扶绥龙	古似鸟龙	冠龙	河源龙
华阳龙	黄河巨龙	绘龙	嘉年华龙	锦州龙	近鸟龙	缙云甲龙	巨盗龙	卡戎龙	兰州龙
辽宁龙	临河盗龙	临河爪龙	伶盗龙	灵武龙	禄丰龙	马门溪龙	马鬃龙	满洲龙	芒康龙
寐龙	泥潭龙	盘足龙	奇翼龙	虔州龙	巧龙	窃蛋龙	秦岭龙	青岛龙	汝阳龙
山东龙	蜀龙	树息龙	谭氏龙	特暴龙	沱江龙	皖南龙	小盗龙	耀龙	隐龙
鹦鹉嘴龙	永川龙	羽王龙	云冈龙	中国角龙	中国龙	中华盗龙	中华龙鸟	锤健龙	诸城暴龙

阿拉善龙：原以为找到了金刚狼，结果是“史前萌树懒”

你敢相信吗？一个印度老爷爷的左手指甲留了 66 年，总长达 9 米多，在 2015 年被吉尼斯世界纪录认证为“单手指甲最长的人”！那么在中国恐龙的世界里，哪种恐龙的爪子最大呢？

“外强中干”，说的就是我！

给你表演“耍双刀”

在内蒙古的阿拉善地区，古生物学家发现了一具非常完整的兽脚类恐龙化石，根据它的发现地将其命名为阿拉善龙。

阿拉善龙生活在白垩纪早期，距今 1.12 亿 ~1 亿年。经过研究，科学家推测这种恐龙体长约 4 米，重约 400 千克，比现在的蒙古骏马更大、更重。科学家一开始就被阿拉善龙的指爪吸引了——手指上长有镰刀状的爪子。它因此被归入了镰刀龙类，而且是当时中国发现的爪子最大的恐龙！

当然，阿拉善龙是镰刀龙类中的原始代表，爪子在所有恐龙里也不算太大，和后来生活在白垩纪晚期进步的镰刀龙一样：它们虽然都有着大号的指爪，却非常友好、可爱。

只切菜不切肉的“镰刀”

阿拉善龙生活在植物繁茂的河谷，是兽脚类恐龙中罕见的素食主义者，只吃各种蕨类、松柏类等植物的叶子，所以它们镰刀状的长爪子主要是用来抓取和切割带叶的树枝。

说到这里，你是否觉得很滑稽呢？你原以为找到的是自带危险武器、杀伤力极强的金刚狼，结果却是一个只会耍刀、不吃荤腥的“史前萌树懒”。

现在，阿拉善龙的骨架在内蒙古自然博物馆展出。

彩虹龙：左手画恐龙，右手画彩虹

一般模特都是高个子、大长腿，可在恐龙家族中，有一种恐龙简直是小个子恐龙中“行走的衣架子”——它就是时尚的彩虹龙。

灰不溜丢的化石里有“彩虹”

2014 年，科学家在河北省青龙县发现了一具恐龙化石标本，它全身覆盖着羽毛。经过研究，这是一只小型的肉食性近鸟龙类恐龙的化石标本，科学家将其命名为巨嵴（jí）彩虹龙，种名取为“巨嵴”是因为其泪骨上有一个巨大的嵴。

彩虹龙生活在侏罗纪晚期的森林中，可以在树木间滑翔，以小型哺乳动物和蜥蜴为食，体长约 40 厘米，重约 475 克。这只带羽毛的恐龙，和彩虹有什么关系呢？化石都是灰黑的颜色，怎么看出来彩虹的颜色呢？

其实，科学家对于化石色彩的复原是非常讲究的。他们首先需要在石化的羽状物中找出一种被称为黑素体的色素颗粒，再把它和现生的鸟类羽毛的色素一一进行对比，通过将今论古，才能最终确定其色彩。科学家在这件化石标本的头颈部、胸部等处的羽毛中都发现了如薄饼一样排列的黑素体，和现生蜂鸟的黑素体相近。由此科学家推断，这种恐龙的羽毛颜色很有可能像蜂鸟一样色彩斑斓！

飞得更早

羽毛不是鸟类的专属。羽毛最初出现时不仅是为了替生物体保温，还可能有便于生物自我展示的作用，后来渐渐地才有了飞行的功能。

科学家不仅发现彩虹龙的羽毛有令人惊讶的色彩，还发现其有和鸟类用来飞行的羽毛具有相似特征的不对称飞羽，这是恐龙飞向蓝天的重要证据！

在此之前，最早发现具有不对称羽毛的恐龙是距今约 1.45 亿年的始祖鸟。也就是说，生活在 1.6 亿年前的彩虹龙将恐龙可能已经飞向蓝天的时间提前了 1500 万年！

彩虹龙的化石现收藏于辽宁古生物博物馆。

这就是我！
彩虹龙！

长春龙：身材娇小，长春骄傲

我的小牙齿里藏着大秘密！

吉林省长春地区是我国重要的白垩纪时期恐龙化石产地。该地区相继出土了多种恐龙化石，鳄类、真兽类哺乳动物的化石也有发现。长春龙是该地区白垩纪早期的代表性物种，因此科学家将这一地区的白垩纪生物群命名为长春龙动物群。

吉林省的第一种恐龙

早在 2002 年 8 月，吉林省当地的古生物研究团队就找到了长春龙的化石标本，由于刚出土的化石围岩包裹物较多，因此研究人员无法对生物的体长和分类做出准确的判断。经过化石修复师对标本长达数月的精心修复，一件精美而又完整的恐龙立体标本呈现在研究团队面前。在这件标本中，恐龙口内纤细的舌骨也被完整地保存了下来。由此可知，在埋藏过程中，这只恐龙的骨骼基本没受到过度的外力挤压和破坏。

研究人员对标本研究后发现：它代表了一种过去未知的鸟臀目恐龙。2005 年，吉林大学博物馆的科研团队将这只恐龙命名为娇小长春龙。种名

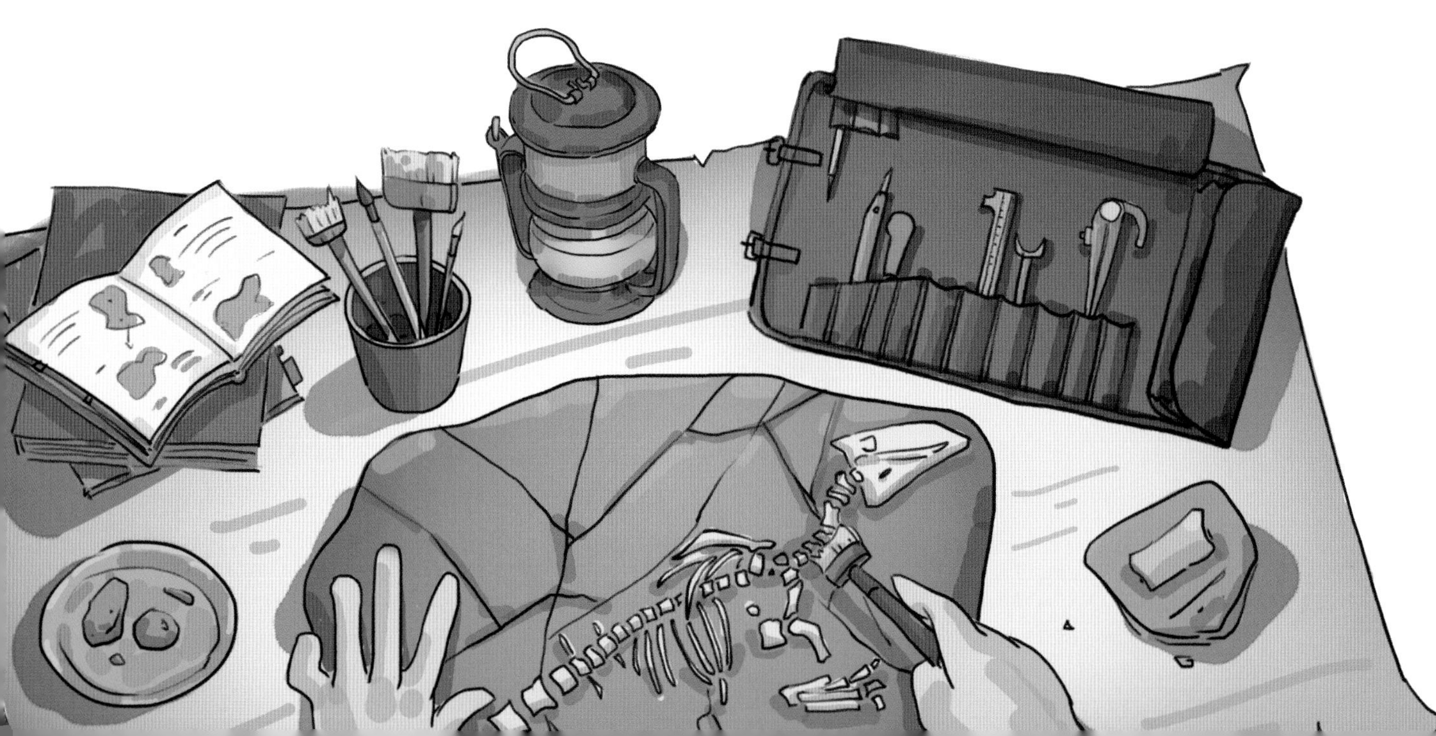

“娇小”的意思是该种恐龙身材娇小，属名“长春龙”是为纪念化石的发现地长春市。这是吉林省发现并命名的第一种恐龙。

舌头里竟然有骨骼

长春龙体长约 1 米，头小，吻部短而尖。它的眼眶较大，接近头骨长度的三分之一。它的前上颌骨每侧有 5 颗单尖的牙齿，根据前上颌骨表面粗糙的特征推测，它活着的时候，前颌骨上应该长有一个小的角质喙。另外，它的舌骨保存得十分完整，呈细长的棒状，长约 35 毫米，宽约 1.8 毫米。人类的舌头全部是由肌肉组成，没想到恐龙的舌头是有骨骼支撑的——就像鸭舌一样，里面也有骨骼。

独特的牙釉质波纹构造

近年来，吉林大学研究团队从多维度出发，对该生物群物种的个体发育、群落组成、环境变化等做了大量取样工作，致力重建长春龙的古生态数据库，从而用科学的数据解答相关类群生物演化的关系。

研究人员对长春龙颌骨及牙齿标本做了大量研究，利用交叉学科的方法，从显微解剖结构特征层面观察骨组织的微观结构。他们观察到了长春龙牙齿替换的完整过程，获得了该类恐龙有关牙齿演化的可靠数据。

在此期间，研究人员还发现了这类恐龙牙釉质波纹构造的最早记录证据，这为研究牙齿与恐龙食性、生活环境的关系提供了十分重要的科学材料。

大夏巨龙：鲜为人知的“最大恐龙”头衔竞争者

说起恐龙，总绕不开一个话题——世界上最大的恐龙到底是哪一个？参与这一话题讨论的恐龙非常多，而大夏巨龙则是这一话题中一位比较低调的“竞争者”。

大夏河边的巨龙

大夏巨龙，生活在白垩纪早期，属于泰坦巨龙类，目前仅有一个种——炳灵大夏巨龙。属名“大夏巨龙”意指其发现地，即流经甘肃临夏的大夏河；种名“炳灵”取自刘家峡水库大坝附近著名的景点炳灵庙。大夏巨龙的化石包含 10 枚颈椎、10 枚背椎、2 枚近端的尾椎、部分肋骨、肩带骨骼和 1 根右侧大腿骨。大夏巨龙的体形巨大，身长 23~30 米，体重约 35 吨。

“外八字脚”走路

大夏巨龙的活动区域位于河边的树林。为了维持庞大身躯的能量消耗，大夏巨龙经常在丛林中游走，寻找食物。它们主要吃树上的枝叶。

大夏巨龙具有极长的颈部，科学家推测它的颈部长度为12.2米。马门溪龙是世界上脖子最长的恐龙，由19枚颈椎构成的脖子可以占到身长的一半。大夏巨龙也有一个长脖子，颈椎很可能也为19枚。

大夏巨龙最吸引人的地方并非它的长脖子，而是它的股骨（大腿骨）。大夏巨龙的股骨表现出明显的外撇式，也就是俗称的“外八字脚”“鸭子步”。这就意味着大夏巨龙留下的足迹可以与刘家峡恐龙足迹群中的蜥脚类恐龙足迹对应起来！这就为那些大幅度外撇足迹找到了主人，在足迹学中极为难得。大夏巨龙的体形和体重在中国恐龙中是数一数二的，想象一下，一只又大又胖的恐龙，迈着“外八字脚”，慢悠悠、憨憨地行走在西北大地上的情景，是多么可爱。

2014年2月20日，香港特别行政区发行了《中国恐龙》邮票，全套6枚，展示在中国发现的6种恐龙，其中就包括炳灵大夏巨龙，另外5种恐龙分别是顾氏小盗龙、巨型禄丰龙、多棘沱江龙、安氏原角龙和上游永川龙。

大夏巨龙的化石曾赴香港科技馆展出，目前存放在甘肃省地矿局第三地质矿产勘查院。安徽省地质博物馆和南京地质博物馆新馆有其1∶1的复原模型。

单脊龙：恐龙中的“奥特曼”

炫酷带脊的头盔，色彩斑斓的软盔甲——这是奥特曼的标配服饰。奥特曼几乎是每个男孩心中的英雄。其实奥特曼在恐龙家族还有个“远房亲戚”呢，它就是单脊龙！

头冠——第二张脸

单脊龙拥有单一的纵向骨质头冠，和奥特曼的头盔相似。它的头冠长得非常低调和内敛，既不像双嵴龙那样有两个嵴，也不像冠龙的头冠那样花哨而高大。这种骨质头冠中空，主要的作用是种间识别，如果用于攻击对手，那结局一定很惨。

中国恐龙里的鬃狼角色

单脊龙的头长约 80 厘米，体长约 5.5 米，重约 475 千克。它的体形只能算得上是兽脚类恐龙中的小弟，其咬合力也远不如霸王龙，但它行动敏捷，比伶盗龙（又称迅猛龙）还要勇猛，是侏罗纪中期新疆准噶尔地区小型恐龙和鱼类的可怕天敌。它的生态角色相当于今天南美洲最大的犬科动物——鬃狼。

“小个子将军”

单脊龙只有一个种——将军庙单脊龙，由加拿大学者菲利普·居里与中国学者赵喜进两人命名。它还有一个曾用名：江氏单脊龙。1981 年，中国科学院古脊椎动物与古人类研究所的赵喜进研究员在新疆准噶尔将军庙地区进行石油勘探时发现一具较完整的骨骼化石。因为发现地在将军庙旁，而当年中外学者沟通时出现了误会，以为这位将军姓“江”，所以就将它称为江氏单脊龙。在侏罗纪中期，这位“恐龙将军”驰骋沙场，所向披靡，何等威风，可惜这一切都灰飞烟灭了。

“青山遮不住，毕竟东流去。”经过亿万年的埋藏，单脊龙终于重见天日。在中国古动物馆的主展厅一层的“龙池”里，定格了单脊龙进攻沱江龙的瞬间——这是当年布展人特别设计的，只不过它们一个在新疆，一个在四川，现实中可能很难遇上对方。正是因为有着如此高的关注度，2012 年，单脊龙入选了“中国恐龙五宝”。

这就是我！
单脊龙！

峨眉龙：山不在高，有“龙”则灵

四川的峨眉山古今闻名，“诗仙”李白曾赞美“蜀国多仙山，峨眉邈难匹”。但他一定没有想到，与他同享峨眉月的，还有一只在山中静待了亿万年的巨龙——峨眉龙。

小山丘里的大发现

1936 年，我国古脊椎动物研究的开拓者和奠基人——杨锺健先生在四川省荣县一座不起眼的小山丘中发现了一批恐龙化石，经过反复研究，1939 年终于将其命名为荣县峨眉龙。

峨眉龙是一种植食性的蜥脚类恐龙，生活在侏罗纪中期。它们喜欢群居，常常把家安在内陆湖边缘，长长的脖子和锯齿状的牙齿能让它们轻而易举地享用新鲜的植物枝叶。

天府之国的峨眉龙大聚会

你是不是觉得峨眉龙和在四川发现的另一种恐龙——马门溪龙很相似？没错，它们同科不同属，而且马门溪龙生活在侏罗纪晚期，它们姑且算是“校友”吧！峨眉龙可有着许多同级同班的好伙伴，在模式种——荣县峨眉龙被发现之后，科学家还陆续

在四川盆地发现了天府峨眉龙、长寿峨眉龙、釜溪峨眉龙、罗泉峨眉龙、毛氏峨眉龙、焦氏峨眉龙共 6 个新种！所以，峨眉龙也是中国恐龙中种数最多的三个属之一。

以峨眉龙为开端，人们在四川盆地陆续发现了越来越多的恐龙，特别是发现天府峨眉龙的自贡大山铺。杨锺健先生曾打趣道："四川恐龙多，自贡是个窝。"正如李白没有想到峨眉山中真是"卧虎藏龙"一般，谁也不会想到，我国著名的"千年盐都"——自贡地下竟然"盐焗"了这么特别的一锅"食材"。

这就是我！
峨眉龙！

千年盐都

自贡是一座因为盐而建立、发展起来的城市，以盛产井盐闻名于世，其井盐的开采历史已经有 2000 年之久。据记载，历代的盐工在自贡先后钻的盐井约有 13000 口，其中有的井深达 1000 米。如果以平均每口井深 300 米来计算，人们在自贡等于凿穿了 400 多座珠穆朗玛峰。

扶绥龙：中国最南边的蜥脚类恐龙

中国最南边的省是海南省，最南边的岛是曾母暗沙，最南边的海是南海。那你知道中国最南边的蜥脚类恐龙是哪一种吗？它可不在海南，它在广西，叫扶绥（suí）龙。

蜥脚类恐龙的栖息地

扶绥龙的化石发现于崇左市扶绥县，因此得名扶绥龙。扶绥县历史悠久，山川秀丽，人杰地灵，仿佛一颗璀璨的明珠镶嵌在南国的左江河畔。县名“扶绥”取自谐音词“福随”，喻意幸福相随。扶绥县是大型蜥脚类恐龙的栖息地，被誉为“恐龙之乡”。

扶绥龙就是这个县最重要的恐龙形象大使。从问世到今天，它都一直“霸占”着中国最南边的蜥脚类恐龙的宝座。

“天鹅颈”的金牌代言人

如今，“天鹅颈”成了美的标准之一，许多人都渴望拥有修长挺拔的颈部线条。说到恐龙中的“天鹅颈”，大多数人都会想到长脖子、小脑袋的蜥脚类恐龙。

扶绥龙天生拥有一条长脖子，它甚至不用挪动身体，只需慢慢地把长脖子摆来摆去，就能轻松地吃到别的恐龙够不着的嫩叶。那副模样看起来简直就是恐龙家族里“行走的大吊车”！

吃素，但不是好欺负的

活跃在白垩纪早期的扶绥龙，属于中国南方的原始泰坦巨龙类。泰坦巨龙意为“泰坦的蜥蜴”，是以希腊神话中的早期神祇泰坦巨神为名。目前扶绥龙只发现了一个种——赵氏扶绥龙，种名“赵氏”是为纪念中国恐龙学家赵喜进先生。

泰坦巨龙类恐龙的特点就是身材巨大，扶绥龙自然也不例外。扶绥龙的肱骨长 183.5 厘米，体重可达 35 吨，走起路来可谓地动山摇。它体长约 22 米，站起来足有 8 层楼那么高。扶绥龙是四足行走的素食主义者，但你若因此以为它天性温柔，那就大错特错了！若肉食性恐龙把它惹恼了，它一定会与之拼个你死我活！扶绥龙的尾巴类似一条长鞭，不仅可以帮助它保持身体平衡，还能作为防御捕食者的武器。

如果你想要亲眼瞧瞧美貌与智慧并存的扶绥龙，就去广西自然博物馆探访一番吧！

古似鸟龙：中国恐龙家族中的“飞人博尔特”

目前世界上跑得最快的人是牙买加人尤塞恩·博尔特，号称“小飞人”，他只需 9.58 秒就可以跑完 100 米。在中国恐龙大家族中，最能跑的恐龙是古似鸟龙。

像鸟的恐龙，一定都会飞吗？

“串门子”横跨两大洲

古似鸟龙属于似鸟龙类，目前发现有两个种——亚洲古似鸟龙和贝斯克提古似鸟龙。模式种是亚洲古似鸟龙，发现于我国内蒙古；贝斯克提古似鸟龙发现于乌兹别克斯坦。

古似鸟龙这个大家庭的成员曾经分布在亚洲和北美洲。这也证实在它们生活的时代，这两个大洲是连接在一起的，古似鸟龙可以来回“串门子”，但现在二者之间被一道白令海峡分隔。

恐龙中的鸵鸟

似鸟龙大家庭的成员长得都很像鸵鸟，有一条很长的大尾巴用于保持身体平衡。在奔跑的时候，它们都是头伸向前方，而不是像鸵鸟那样“昂首挺胸”。它们和鸵鸟一样，也是两条腿走路，而且大腿肌肉非常发达，小腿比大腿长不少，非常适合奔跑，因此被称为恐龙中的鸵鸟。鸵鸟的最大速度能达到每小时 72 千米，而似鸟龙家族中的“快腿大哥”是加拿大的似鸵龙，它的最大速度可达到每小时 80 千米。

似鸟却不会飞，只会跑

为了能更好地适应生存环境，古似鸟龙什么都吃，植物、蛋、小型哺乳动物都是它的食物。古似鸟龙的体长可以达到 3.4 米，体重 45~91 千克，比本家族中的似鸟龙和似鸵龙都小一号。

重要的事情再说一遍：虽然名字里面有“似鸟”二字，但这里的“鸟”是指擅长奔跑的鸵鸟，古似鸟龙是不会飞翔的。如果你想观摩古似鸟龙的骨架化石，可以去中国古动物馆和内蒙古自然博物馆参观。

冠龙：别看我个子矮，我可是霸王龙的远祖

家喻户晓、发现于北美洲的霸王龙属于暴龙类。但是你知道吗，暴龙类的祖先很可能诞生在咱们中国呢！

“五彩冠龙”其实是“一彩冠龙”

冠龙是中国已知最原始的暴龙类恐龙。冠龙两足行走，为肉食性恐龙，目前只有一个种——五彩冠龙。冠龙出现的时间距今约 1.6 亿年，比凶猛的霸王龙早了将近 1 亿年。

首次听到五彩冠龙的名字，很多人会以为这是一种头上长有色彩斑斓的冠的恐龙。其实，它们的冠不是五彩的，很可能是红色的。“五彩”是这种恐龙的种名，指的是它的发现地——新疆五彩湾，那里因五颜六色的岩层而得名，还是李安导演的著名电影《卧虎藏龙》的拍摄地。谁也没想到，在五彩的岩石下面，真的藏有恐龙。

贝克汉姆的同款发型

虽然冠龙的冠不是五颜六色的，但这一点儿也不影响它的华丽程度。冠龙的冠很高很大，好似梳了一个曾经风靡一时的发型——著名球星贝克汉姆的莫西干头。

冠龙的冠的内部有很多气室，是所有兽脚类恐龙中最复杂、最华丽的。科学家推测它的冠用于吸引异性或彰显地位。冠龙与它的辽宁亲戚——帝龙长得很像，科学家推测冠龙也是身披原始的羽毛。

通过对两件仅存标本的个体发育进行研究，科学家发现，成年的那只冠龙死的时候已经 12 岁了，体长 3 米；幼年的那只冠龙死的时候 6 岁了，还在生长阶段。

冠龙的化石现收藏于中国科学院古脊椎动物与古人类研究所。

河源龙：酷似鸵鸟的窃蛋龙

河源龙属于窃蛋龙科，生活在白垩纪晚期，有黄氏河源龙和延氏河源龙两个种。其中黄氏河源龙的化石发现于广东省，而延氏河源龙的化石则发现于蒙古戈壁，二者一南一北，遥相呼应。

像鸵鸟一样奔跑

黄氏河源龙，种名“黄氏”是为纪念时任河源市博物馆馆长黄东先生。他在河源恐龙化石发掘和保护工作中做出巨大贡献，而属名“河源龙”取自化石的发现地广东省河源市。

1999 年，黄氏河源龙化石发现于广东省河源市。在很小的范围内，科学家发现了至少 7 具化石个体。黄氏河源龙的头骨较短，吻部较陡直，手臂和手指很短，拇指已经退化，整体与鸟类形态比较相似，也因此被认为代表恐龙和鸟类之间的过渡环节；更被最初的研究者认定它印证了“窃蛋龙类属于退化、不会飞的鸟类”的观点。

但现在多数学者认为它们是与鸟类亲缘关系较近的一类恐龙。黄氏河源龙虽然胳膊上有羽毛，但是从骨骼上不难看出，失去飞翔能力的它们只能像鸵鸟一样在地面快速奔跑，从而躲避其他大型恐龙的追击。从其化石集中性埋藏我们不难得知，它们生前多以群居生活。

玩个“万里挑一”的游戏吧

当你来到河源恐龙博物馆，一定会被由 10008 枚不同类型的恐龙蛋组成的方阵所震撼，它们也因数量之多被载入吉尼斯世界纪录。根据最新的信息，目前该馆的恐龙蛋收藏已经达到 18000 多枚！仔细观察，你会发现黄氏河源龙的蛋可不是圆形的，而是表面长有突出纹饰、呈橄榄形状。蛋化石色素的最新研究显示，黄氏河源龙蛋的蛋壳颜色是蒂芙尼蓝。这种颜色介于蓝色和绿色之间，在西方文化中象征着幸福，与北美知更鸟蛋的颜色相似，也被称为知更鸟蓝。蛋窝的半开放性显示它们可能还有孵化蛋宝宝的行为。这也就不难猜想，黄氏河源龙满身的羽毛不光能炫耀，而且能孵蛋保温。

华阳龙：最早的“龙中剑客”

“风萧萧兮易水寒，壮士一去兮不复还。”每当读到这句诗，战国时期著名的剑客——荆轲的英雄形象便跃然纸上。其实恐龙中也有这样的“剑客”家族，它们全身长着各种各样的剑板骨刺，成为勇闯天涯的带“剑”恐龙。

名副其实的“刺儿头”

“龙中剑客”华阳龙是世界上生存时代最早、化石保存最完整的剑龙。剑龙类包括华阳龙科和剑龙科，它和甲龙类是姐妹群，即它们之间的亲缘关系最近，好像姐姐和妹妹一样。

华阳龙简直就是一个长满棘刺的“刺儿头”：它的背上有两列又细又尖的骨板，对称排列，共 16 对 32 块，其臀部上方最高的几块骨板就像大尖刀，立在骨盆上；肩部还有一对长的、向后弯曲的棘刺；尾部也有两对棘刺，每根棘刺都有 40 厘米长。当遇到危险的时候，它甩动装备了“利剑”的尾巴，将尖尖的棘刺狠狠地戳向敌人。这种攻击性武器杀伤力极强，可以说“一扎一个洞，一划一道大口子”。其尾巴末端的小骨锤，也会给敌人致命一击。

有剑何惧走天涯

别看华阳龙是世界上最小的剑龙，体长只有 4.5 米，而且还吃素。它的骨板、棘刺和尾锤就如同尖刀和铁锤，闪烁着寒光，连肉食性恐龙都拿它没办法。

华阳龙的头较小，口的前端有两排细小的牙齿，用来咬断植物的枝叶。拥有牙齿以及背上对称排列的骨板，这些特征反映出华阳龙的原始性。

华阳龙生活在距今约 1.65 亿年的侏罗纪中期，比生活在侏罗纪晚期北美洲的剑龙早了 2000 万年。这也为“剑龙类起源于亚洲”的假说提供了重要证据。

与李白的那点儿事

华阳龙的化石最早于 1980 年发现于四川省自贡市大山铺，正型标本包括一件完整的头骨。1982 年，著名古生物学家董枝明将其命名为太白华阳龙，种名“太白”是为了纪念唐代著名浪漫主义诗人李白（字太白）。

关于华阳龙，还有很多的未解之谜。比如古生物学家对其骨板的作用进行了推测：他们认为华阳龙身上的骨板面积较小，作为“散热器”不太实际，而作为防御武器、炫耀装饰和身份证明的观点似乎都有一定的合理性。希望在不久的将来，古生物学家能找到新的证据，解开谜团。

黄河巨龙：石破天惊，黄河边巨龙漫步

歌曲《龙的传人》红遍中国时，估计作词人侯德健也没想到，黄河之滨竟睡有真龙——黄河巨龙。

猜猜巨龙的脚趾有多长

黄河巨龙，一听这霸气的名字就知道这种恐龙一定很大！黄河巨龙属于泰坦巨龙类，生活在白垩纪早期，距今约 1.25 亿年。目前发现有两个种——刘家峡黄河巨龙、汝阳黄河巨龙。其中模式种是刘家峡黄河巨龙，发现于甘肃的刘家峡地区；汝阳黄河巨龙则发现于河南省汝阳县。

汝阳黄河巨龙号称“亚洲龙王”，比刘家峡黄河巨龙发现稍晚，但体形比刘家峡黄河巨龙要硕大。汝阳黄河巨龙光一根脚趾就有 20 厘米长。科学家推测它的体长超过 18 米，体重 60 吨左右，相当于 10 头大象的重量。

一屁股置敌于死地

不过话说回来，比汝阳黄河巨龙还要大的恐龙也不是没有，但为什么它被称为“亚洲龙王”呢？原来，汝阳黄河巨龙有着非常大的荐椎和背椎，而且它的臀宽达到了 2.8 米，这证明它的体腔非常巨大！所以准确地说，汝阳黄河巨龙是亚洲体腔最大、臀部最宽的巨龙类恐龙。这也成了它抵抗肉食性恐龙最大的优势——“谁来惹我，一屁股置你于死地”！

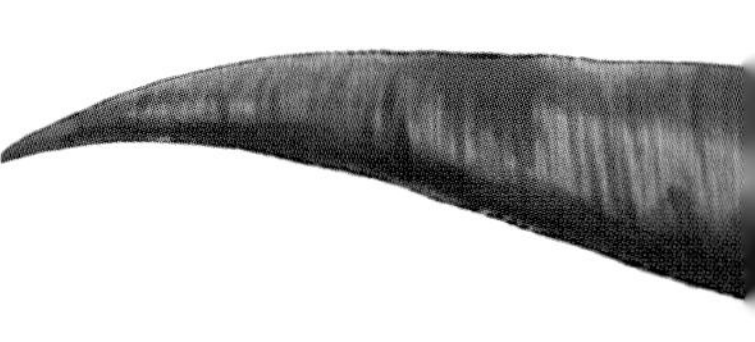

白垩纪早期，黄河巨龙生活的“黄河流域”可是一个裸子植物和蕨类植物繁茂的“植物自助餐天堂”，它每天睁眼后的任务除了吃还是吃。

黄河边的恐龙巨无霸家族

汝阳黄河巨龙的发现拉开了汝阳盆地巨型蜥脚类恐龙动物群研究的序幕。科学家在此发现了大量生活在白垩纪时期的恐龙巨无霸家族，此外还发现有结节龙类、窃蛋龙类、似鸟龙类、禽龙类等多种恐龙。在“亚洲龙王”的带领下，当今的“黄河之滨”好不热闹！

现在，黄河巨龙的化石收藏于甘肃省地矿局第三地质矿产勘查院、河南自然博物馆等单位。

绘龙：我有狼牙锤，谁怕谁呀

我们一直说的甲龙，其实大多数情况下并不是特指生活在北美洲的甲龙，而是泛指“甲龙类恐龙”。换句话说，甲龙类其实包括很多种恐龙，也分布在世界的很多地方。绘龙则是中国最早被发现的一类甲龙。

甲龙的“锤子”知多少？

中国化石保存数量最多的甲龙类恐龙

绘龙家族目前有两个种：一个是1933年命名的格氏绘龙，这是模式种；另一个是1999年命名的魔头绘龙。另外，科学家在山东也发现了一些绘龙化石，但由于化石材料保存较差，无法确定具体的种，科学家把这些化石归入“绘龙未定种”。

时间倒退回20世纪20年代，美国自然历史博物馆的专家在蒙古戈壁沙漠中进行了多次科考。在1923年的一次考察中，一位名叫格兰杰的美国学者采集到了部分破碎的头骨、骨板等化石。后来美国古生物学家吉尔摩确定这是亚洲发现的一种全新的恐龙，于1933年将其命名为格氏绘龙。

在后来的考察中，科学家在内蒙古境内又发现了大量的格氏绘龙的完整骨骼。截至目前，科学家已经发现了超过20件化石标本，它一跃成为中国化石保存数量最多的甲龙类恐龙，也是世界上保存化石骨骼最多的甲龙类恐龙。

格氏绘龙的化石大多数集体埋藏在一起。科学家推测格氏绘龙在半沙漠兼有绿洲的环境中生存，具有群居习性，而被集体埋藏的原因有可能是死于突发的沙尘暴。

别惹我，锤你哟

格氏绘龙属于中等体形的甲龙类，四足行走；成年个体的头长约 30 厘米，体长约 5 米，身高 1 米，体重可达 1.9 吨。它们的头部有厚骨板保护，身体扁而低矮，但身上的装甲不如其他的甲龙类厚实，显得比较轻盈。它们的牙齿较小，但不尖锐，这表明它们的食谱中有坚韧的树叶，也有柔软的果子，还可能包括类似蚂蚁的昆虫。

格氏绘龙的尾部有一个用于防御的骨质锤，面对捕食者的进攻，它们能够甩出尾锤给敌人致命一击。外加这一身骨质盔甲，可谓是“身带狼牙锤，问声谁怕谁”。

一锤定时代

不是所有甲龙都有尾锤。生活在侏罗纪的甲龙就没有尾锤；而生活在白垩纪的甲龙，有些有尾锤，有些没有尾锤。换句话说，如果你看到一个甲龙骨架有尾锤，那它肯定是白垩纪的。这样你也就知道了长有尾锤的格氏绘龙是生活在白垩纪晚期，距今 8000 万 ~7500 万年，比著名的北美洲的甲龙早了 1000 多万年。

绘龙的化石现收藏于中国科学院古脊椎动物与古人类研究所、美国自然历史博物馆等单位。

嘉年华龙：第一只拍 X 射线写真的恐龙

现在大家都爱用手机拍照，留下自己美好的回忆，但是要和嘉年华龙比拍照，那真是差远了。嘉年华龙直接来了个 360° 无死角全身同步辐射 X 射线无损立体扫描拍照，连内部结构也一并看清楚了。

巨型“长尾鸡”

嘉年华龙的标本，目前世界上只有一件。嘉年华龙属于伤齿龙类，身长约 1.12 米，重约 2.4 千克，外形像一只巨型的长尾鸡，是中生代热河生物群的成员，生活在白垩纪早期，目前只有一个种——滕氏嘉年华龙。种名“滕氏”以化石收藏单位大连星海古生物化石博物馆的馆长滕芳芳女士的姓氏命名，属名“嘉年华龙”则来自赞助该恐龙研究的一家公司。

2016 年，中国古生物学家徐星领导的一支国际研究团队研究发现，嘉年华龙具有较长的尾部、强壮的后肢、四翼以及鸟类不对称羽毛等特征，是首个被报道的具有不对称羽毛的伤齿龙类。嘉年华龙的前肢、后肢和尾部保存有大型羽毛，其分布模式与小盗龙、近鸟龙和始祖鸟非常相似。

给恐龙“照相”

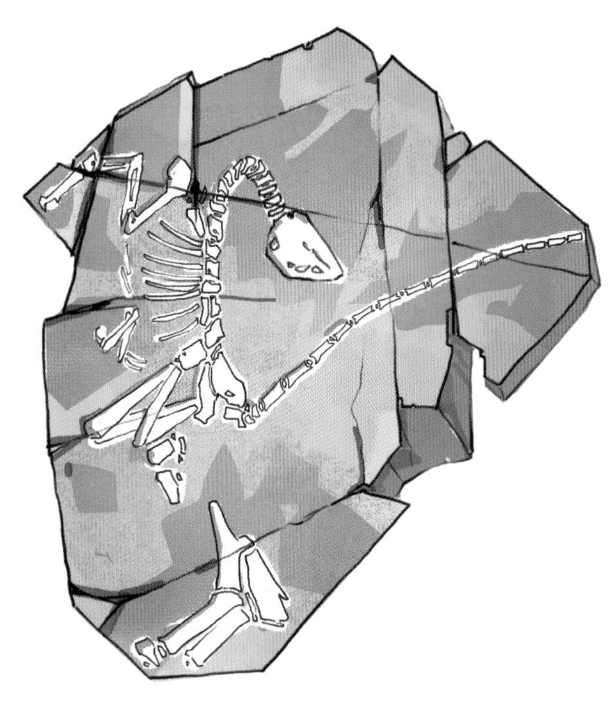

同步辐射技术为珍贵的古生物化石研究提供了一种快速、高效、无损的方法。通常这种方法被应用于研究一些尺寸较小的化石，而给嘉年华龙这种体长超过 1 米的“巨型”标本进行无损分析，此前还没有先例。

2018 年 12 月，国家古生物化石专家委员会和大连星海古生物化石博物馆发起并组建了一支包括中国科学院古脊椎动物与古人类研究所、中国科学院地质与地球物理研究所、德国科学院和加拿大同步辐射中心在内的国际化专家队伍，采用大面积微聚焦 X 射线荧光光谱技术，对嘉年华龙开展了系统研究，获得了第一幅大面积微米分辨率的恐龙骨骼、组织（包括羽毛）和围岩的化学元素分布全景图像，这就是世界上首张恐龙彩色写真。

这就是我！
嘉年华龙！

锦州龙：别抱我，我怕扎

当你和朋友很久没见面，或者和朋友共同完成了一项超级挑战，你会不会特别想和朋友来一个大大的拥抱呢？但有一种恐龙，一生都得不到同伴的“拥抱”，它就是锦州龙。在恐龙世界里可谓“龙尽皆知”：锦州龙的前肢上长着一个大钉子状的骨质刺，与它拥抱就等于自己的后背上会“挨一针”。

保持社交距离，请勿拥抱。

大钉子不是用来开肉罐头的

锦州龙，最早于 2000 年在辽宁省锦州市北部的白台沟村被发现。研究人员通过对化石的精心修复以及对骨骼的研究，于 2001 年正式确定，这是一种全新的恐龙，将其命名为杨氏锦州龙。种名“杨氏”是为纪念杨锺健先生，属名“锦州龙”则取自化石的发现地锦州。

锦州龙曾被归入禽龙类，后被认为是鸭嘴龙超科的一个原始成员。锦州龙前肢内侧长有一个钉状的骨质刺，用于防御。它的吻部长，鼻孔很大，头骨的后部异常宽。

锦州龙的头骨化石有 50 厘米长、28 厘米高，成年个体体长可达 7 米，多以四足行走，偶尔也会两足站立。它的大钉子骨质刺是用来恐吓天敌或与敌人搏斗的武器。虽然骨质刺让锦州龙看上去很可怕，但它并不是肉食性恐龙，而是温顺的素食主义者！

从天而降的灾难

这么一个温顺的大家伙是如何变为一具较完整的化石的？为什么它的头骨化石是面目狰狞、牙齿紧咬的样子？科学家通过研究化石挖掘现场周边土壤埋藏环境的特征，复原了1亿多年前锦州龙临死前的场景：一只锦州龙如往常一样悠闲地在湖边喝水，突然间，火山爆发了。大量的火山灰被高高地抛掷空中，随后大范围地砸向周围的各类生物。火山爆发得过于突然，等锦州龙反应过来想逃命，已经为时太晚。就这样，它和当时生活在这里的其他生物一起被掩埋在地下。它们死亡的一瞬间就这样被定格了。

对锦州龙来说，这是一场从天而降的灾难，但也幸亏火山灰的掩埋，使一副完整的远古生物骨架得以保存下来，成为科学家解读生命演化奥秘的珍贵素材。

锦州龙的化石发现于1.22亿年前的白垩纪早期形成的地层中，同层位发现的还有潜龙、翼龙、狼鳍鱼等。锦州龙的化石现收藏于中国科学院古脊椎动物与古人类研究所。

近鸟龙：是龙还是鸟

说起带有羽毛的动物，我们首先会想起鸟类。它们或在天空翱翔，或在水中畅游，或在地面奔跑，适应了不同的生存环境，繁衍生息。那么，鸟类是由什么动物演化而来的呢？

近鸟却是龙

近鸟龙，顾名思义，这是一类亲缘关系与鸟很近的恐龙。科学家研究发现，它属于小型鸟翼类恐龙——也就是说，这类恐龙长了“鸟的翅膀”。近鸟龙目前只有一个种——赫氏近鸟龙，种名“赫氏”是为了纪念首先提出“鸟类起源于恐龙”假说的英国科学家赫胥黎。

近鸟龙体形较小，大小如乌鸦，两足行走，骨骼结构显示它可能更善于奔跑而不是飞行。它的体表被羽毛覆盖，四肢较长且具有片状的长羽毛，中央羽轴两侧对称，也说明其飞行功能较差，好似恐龙家族的“跑地鸡”。

近鸟龙的成年个体翼展 50 厘米，体长 34 厘米，体重 110 克；个别体长能达到 40 厘米，重 250 克。它们生活在侏罗纪晚期，比小盗龙的时代还要早 4000 万年，是迄今发现的世界上最古老的长羽毛的恐龙。

世界上首批知道体表颜色的恐龙

近鸟龙化石最早于 2008 年在辽宁省建昌县玲珑塔地区被发现。科学家惊奇地发现，在化石周围还有一些疑似羽毛的轮廓。在修复师精

这就是我！近鸟龙！

心修复后，黑褐色的毛发印痕在骨骼周边更加明显。通过电子显微镜的观察，科学家发现这些黑褐色印痕上有很多色素体排列的印迹。科学家将这些色素体与现今鸟类羽毛中的色素体对比后，于 2010 年复原出了 1.6 亿年前近鸟龙的体表颜色，它也因此成为世界上首批知道体表颜色的恐龙成员之一。这也就不难回答为何复原图中的它头上有红褐色冠饰，身披灰色“羽绒服”。

通过对骨骼化石和羽毛印痕的研究，科学家还发现这类恐龙的骨骼既拥有恐龙的身体特征，也拥有鸟类的身体特征。很明显，这类恐龙代表了恐龙向鸟类演化的过渡阶段。因此科学界经常会说：恐龙没有灭绝，鸟类就是恐龙的后代。

可以说，恐龙的后代经过亿万年演化，依旧生活在我们身边。保护好鸟类，就是保护好恐龙。

近鸟龙的化石现收藏于中国科学院古脊椎动物与古人类研究所、辽宁古生物博物馆等单位。

缙云甲龙：要论“耍大锤”，我可是鼻祖

这是来自浙江省的“远古铠甲军团”，成员是缙云甲龙。“缙”有红色的含义，让人联想到那身披赤甲、威武霸气的军中将士！为了抵御捕食者的攻击，缙云甲龙成群结队，全副武装，仿佛时刻准备战斗的装甲军团。

最早的独门绝技——“耍大锤”

缙云甲龙的体形在恐龙家族中属于中等水平，平均身高 1.3 米，体长却达到了惊人的 5 米。若让它们“排兵布阵”，按照咱们站队“前后半臂距离”的原则，可就不好站咯！身材矮胖的它们背部覆盖着一排排骨质的甲板，如同铁盔厚甲！但要说和其他甲龙军团比起来，缙云甲龙真正的过人之处，在于它们对“恐龙军事史”的独特贡献：“研发”出了世界上最早的独门绝技——“耍大锤”。

锤，是我国传统的十八般兵器之一，在我国南北朝和隋唐时期，这种冷兵器的应用达到了一个小高潮。《说唐全传》中“天下第一好汉”李元霸力能扛鼎，他就是靠着一对重达四百千克的巨锤横扫天下！但让李元霸没想到的是，最早将“耍大锤”用于实战的，竟然是 1 亿年前的缙云甲龙！

缙云甲龙装备了一把特制的骨质尾锤，它是由尾部末端的脊椎骨和骨板愈合而成。更令人赞叹的是，缙云甲龙可不屑于从小锤子练起，一来就直接上大家伙——巨大的尾锤最宽处可以达到半米！当遇到来犯之敌时，缙云甲龙会熟练地先伏下身体，再顺势一转，向敌人甩出致命一锤！

同一时期的装甲军团还有丽水浙江龙和杨岩东阳盾龙等其他甲龙类，可惜它们都属于结节龙类甲龙，没有这么威武的尾锤，只能羡慕地“望锤兴叹”了。

领先 1000 多万年的独门秘籍

缙云甲龙的这一独门秘籍在白垩纪早期声名鹊起！1000 多万年之后，世界各地的甲龙军团才开始纷纷效仿，装备上了这么一种先进武器。斗转星移，恐龙军团也早已随着古战场一起沉寂了亿万年。直到 2013 年，科学家才第一次在浙江省丽水市缙云县找到了这个传奇军团的踪迹。

你可以去浙江自然博物院和缙云恐龙博物馆一趟，追寻中国最早的“恐龙兵器发明家”——缙云甲龙，看它们甩动着大锤，讲述那段白垩纪的江湖往事！

巨盗龙：世界上“最大盗贼”落网

号外：内蒙古二连浩特地区惊现史前“大盗”！中国科学院和内蒙古自治区自然资源厅的专家正合力追踪。目前，世界上已知最大的窃蛋龙——巨盗龙现身了。

世界上最大的无齿恐龙

巨盗龙属于窃蛋龙类，生活在白垩纪晚期，化石发现于内蒙古自治区二连浩特市。巨盗龙两足行走，头比较小，颈部较长。它的前肢可能具有羽毛，可用于展示或者孵蛋时能够护蛋。巨盗龙年轻个体的体长约 8 米，高约 5 米，重约 1.4 吨。它的嘴里没有锋利的牙齿，只有和鸟类一样的角质喙，方便切割植物。它也是目前世界上最大的无齿恐龙。

和大盗没关系，和盗龙也没关系

巨盗龙名字的字面意思是“巨大的盗贼”，但它可不是江洋大盗；虽然名字里有“盗龙”二字，但其实和盗龙成员也没有一点关系。它和现在的鸵鸟样子非常像，一眼就能区分出来。

以前，科学家普遍认为，恐龙的体形与鸟类的亲缘关系有着密切的联系。一般和鸟类越亲近的恐龙，它们的体形也就越小，和现代鸟类差不多。像窃蛋龙类的其他成员，一般体重为几千克到几十千克，但是巨盗龙这体形，别说鸟类，在恐龙中也可以算是响当当的巨龙了，而且它们还

很灵活，有一双修长且善于奔跑的腿。

出乎科学家意料的是，巨盗龙体形如此庞大，身上鸟类的特征却一点儿也不少，甚至比一些小型窃蛋龙还多。在向鸟类演化的过程中，不同恐龙类群的演化模式和发育机制是不同的，所以鸟类的起源过程比原先科学家认为的更复杂。科学家从巨盗龙身上获得了新的证据，如此说来还真是一场“巨大”的误会，看来我们要给巨盗龙颁个“突出科学贡献奖”呢。

这就是我！巨盗龙！

卡戎龙：龙首形似羊角锤

黑龙江省嘉荫县除了有中国大地上最早被发现的恐龙——满洲龙，还出土了另外一种鸭嘴龙家族成员——卡戎（róng）龙。其正型标本是一件残缺的头颅骨，现保存在长春理工大学。

太阳系中竟然有天体和我同名

卡戎龙的名字取自希腊神话中冥河的渡神卡戎。卡戎还是太阳系中一个天体的名字，它是冥王星五颗已知天然卫星中最大的一颗，也叫冥卫一。此外，卡戎龙还有两个别称——查龙、冥府渡神龙。

卡戎龙属于鸭嘴龙科成员，是纯正的素食者。它们不是打斗高手，多以群居生活，可相互照应。在发现危险时，它们会利用头后方的中空头冠发出声响，及时提醒同伴，保持警惕。平日里，它们多以四足缓慢行走，必要时会以两足快速奔跑，躲避肉食者的威胁。

卡戎龙能成功邂逅副栉龙吗

看到卡戎龙的复原图，很容易让人想到生活在北美洲的副栉龙。从骨骼化石来看，生活在北美洲的副栉龙与生活在我国黑龙江的卡戎龙身体结构很相似，尤其是头顶那根向后延伸生长，形似羊角锤的骨质头冠。

这两种鸭嘴龙有何不同呢？古生物学家通过两地的骨骼化石比对发现：虽然两者间身体特征存在相似性，但是副栉龙生前体长约 9.5 米；而卡戎龙仅股骨（大腿骨）就长达 1.35 米，据此科学家推测，其体长可达 13 米（也有说 10 米左右），体长比副栉龙更长。除此之外，两者在形态上的确太相似了，已知的 33 个特征都相同。

卡戎龙和副栉龙生前有机会见面吗？答案是否定的。两者不但生活的地域有距离，生存的年代也有差距。科学家通过孢粉及锆石测年发现：同样生活在白垩纪晚期的它们在生存时间上并没有重叠——副栉龙生活在 7600 万 ~7300 万年前，而卡戎龙生活在 6600 万年前。也就是说，副栉龙灭绝约 700 万年后，卡戎龙才演化出来。

兰州龙：长了鸭子嘴的“大牙怪”

说到兰州，你的脑海中是不是最先想到兰州拉面？那你是否听说过以兰州命名的恐龙呢？快把口水擦干净，一起来认识一下第一种以兰州命名的恐龙——兰州龙。

无心插柳柳成荫，无心探龙龙出没

兰州不光有恐龙骨骼化石，还有很多恐龙足迹化石和恐龙蛋化石，可谓是恐龙昔日生活的乐土。1999 年，甘肃省地矿局第三地质矿产勘查院古生物中心的专家们无意间发现了 10 个直径约 1 米的大坑。这些坑又深又大，四周的岩石坚硬。经过研究，这些大坑原来是 1 亿多年前恐龙在此行走后留下的足迹化石！

随后专家们扩大了勘察范围，于 2002 年在距离恐龙足迹约 10 千米远的兰州盆地东部，采集到了 103 块恐龙骨骼化石。通过对这些骨骼化石的研究，专家们最终认定这是一种全新的恐龙，于是将其命名为兰州龙。

恐龙家族的牙齿代言人

兰州龙生活于距今约 1.3 亿年的白垩纪早期。最初它被归入禽龙类，经后期研究重新归入了鸭嘴龙类。顾名思义，这类恐龙都长了一张鸭子一样的嘴。鸭子的嘴里是没有牙的，但鸭嘴龙类是有牙的。它们的嘴，前面像鸭子，扁扁的，没有牙；嘴的后部却有密密麻麻的牙齿。

兰州龙最大的特点就是牙齿很大：单颗牙齿可达 14 厘米长，7.5 厘米宽。这种满口大牙的恐龙也成了全球迄今为止发现的植食性恐龙家族中牙齿最大的恐龙。相比其他植食性恐龙，它的牙齿可谓是大型切割机呀！

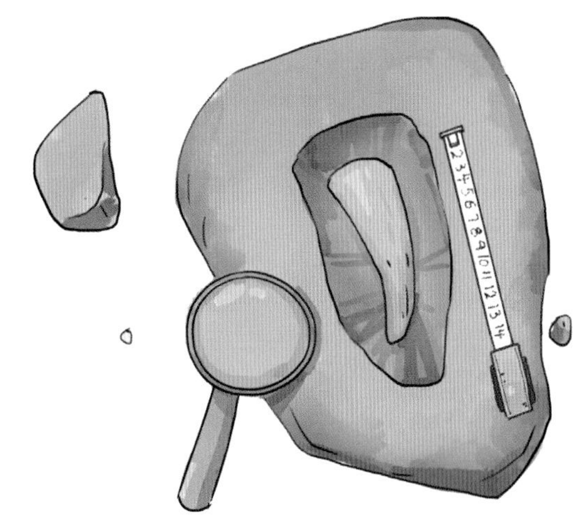

兰州龙身材巨大，仅下颌骨就长约 1 米，成年个体体长可达 10 米，两足站立时高 4 米，重约 6 吨，可以说是植食性恐龙家族中的大家伙。

如果有机会，你可以去甘肃地质博物馆和刘家峡恐龙国家地质公园一睹兰州龙的风采哟。

这就是我！
兰州龙！

辽宁龙：素食家族的“食肉恐龙”

中国地大物博，恐龙化石分布广泛，辽宁、四川、新疆、云南、甘肃、山东等地都发现有恐龙化石，其中以辽宁省命名的辽宁龙是素食恐龙家族中的一个另类。它虽然属于素食恐龙，但是也吃肉。

甲龙科

结节龙科

身兼两类恐龙特征

辽宁龙生活在白垩纪早期，化石发现于辽宁省，模式种是奇异辽宁龙，属名“辽宁龙”意为辽宁省的蜥蜴，种名“奇异”意指其兼具结节龙科和甲龙科的特征，显示出似是而非的特殊性。辽宁龙属于鸟臀目中的甲龙亚目，正型标本长约 34 厘米，是已知最小的甲龙类化石。由于辽宁龙的正型化石属于幼年个体，又兼有甲龙科和结节龙科的特征，因此难以确定它的具体分类位置。

辽宁龙与其他甲龙亚目成员的不同处，是它的下颌仍有外孔洞，另外它的头骨上可能仍有眶前孔，这些可能是其幼年个体的特征。此外，它的牙齿相对较大，前上颌骨仍具有牙齿，四肢较长，前肢与后肢具有长而锐利的指爪等，这些也可能是其幼年个体特征。不过，后来发现的标本显示，长的四肢和指爪可能与它半水生的生活习性相适应，而不是其幼年特征。

恐龙时代的“乌龟”

辽宁龙背上有背甲，腹部有腹甲，爪子非常锋利，乍一看就像一只小乌龟。最让人震惊的是，新发现的化石标本显示在它的腹腔里竟然有鱼化石的残骸。这一发现颠覆了人们对鸟臀目恐龙的认识，在古生物学界引起了轰动。如此看来，它是肉食性的，或者至少是杂食性的恐龙。

辽宁龙的腹部具有平板状的鳞甲，两块大型鳞甲覆盖在腹部，周围的小型鳞甲呈六角形和菱形。甲龙亚目成员过去没发现过腹部鳞甲，腹甲的存在进一步显示了辽宁龙的水生习性，因为这些鳞甲可以保护辽宁龙的腹部，防止来自水下方捕食者的攻击。

辽宁龙的正型标本现收藏于中国科学院古脊椎动物与古人类研究所。

这就是我！
辽宁龙！

临河盗龙：古生物学家的中生代“彩票”

我国每年新发现的恐龙约 10 种。但是，大部分被发现的恐龙化石骨架并不完整，骨架上缺失的部分往往会用石膏模型来补充完整。所以，要是能够发现一具完整的恐龙化石骨架，绝对比中彩票还让古生物学家兴奋。

恐龙骨架上
都是真的化石吗？

名如其“龙”

2008 年，古生物学家在中国内蒙古巴音满都呼地区发现了一具保存相当完整的恐龙骨架化石。2010 年，古生物学家发表研究结果，认为这是一种新的驰龙科恐龙，正式命名为精美临河盗龙。属名“临河盗龙”取自化石发现地内蒙古巴彦淖尔市临河区，种名“精美”取自其精美的保存状态。你看到没有？古生物学家真的抽到了一张中生代的“彩票”！

也许你对驰龙科恐龙还有点陌生，但你一定对它的亲戚很熟悉：电影《侏罗纪世界》里面有一种非常聪明、喜欢群体行动的恐龙——伶盗龙，它跟临河盗龙、恐爪龙同属于驰龙科。驰龙科恐龙有一个典型特征：第二脚趾上有一个向上翘起的呈镰刀状的大爪子。

视力表最后一行都难不倒我

临河盗龙生活在白垩纪晚期，体长为 1.8 米，体重约 25 千克，跟一个 10 岁左右的孩子差不多重。它的头骨前后向比较长，眼眶大大的。古生物学家推测它的视力应该很好。如果给它测试视力的话，视力表最下面一行的小字它都能看得清清楚楚！它还有一条长长的尾巴，能帮助它在奔跑时保持平衡。

临河盗龙是一种两足行走的肉食性恐龙。记住，一般吃肉的恐龙都是用两条腿走路的哟！临河盗龙体态轻盈，牙齿锋利，颈弯曲呈“S”形，是行动快速、灵活的捕食者。快猜猜看它的捕食对象是谁？根据化石研究，它很可能以小型角龙类恐龙为食。

临河盗龙的精美化石现收藏于中国科学院古脊椎动物与古人类研究所。

临河爪龙：一指定乾坤

如果和霸王龙玩“石头、剪刀、布”的游戏，它会出什么呢？如果和临河爪龙比武，它的制胜法宝是什么呢？

恐龙中的“食蚁兽”！

消失的手指

一般来说，原始的恐龙有 5 根手指，和我们人类一样。在恐龙演化历史过程中，一些兽脚类恐龙逐渐退化了 2 根手指，变成了 3 指，最终演化为鸟类；有些恐龙甚至会退化 3 根手指，最后只剩 2 根小手指，比如著名的霸王龙。所以和霸王龙玩“石头、剪刀、布”的游戏，它只会出剪刀。其实，在恐龙家族中还有更加极端的情况，比如喜欢“一指定乾坤”的临河爪龙。

只有鹦鹉大小，也敢叫恐龙

临河爪龙来自我国内蒙古临河地区，生活在白垩纪晚期，距今 8400 万 ~7200 万年。它只有鹦鹉大小，体重不足 500 克，属于阿尔瓦雷斯龙类。

阿尔瓦雷斯龙类是一类高度特化的小型兽脚类恐龙，具有高度特化的前肢和修长的后肢。大多数阿尔瓦雷斯龙类看上去好像只有 1 根粗长的大手指，但实际上它们依然保留了外侧的 2 根小手指。而临河爪龙的前肢十分怪异，它完全只有 1 根手指。临河爪龙是阿尔瓦雷斯龙类中一个较进步的类群，但第二指纤细又显示了其原始性。临河爪龙的两只小手更像是胸前伸出的獠牙。

蚁类也能成为恐龙的大餐

临河爪龙为何会生出这样奇怪的前肢？目前，科学家推测临河爪龙生活在干旱而缺少食物的环境中，蚁类就成了它们的主要美食。和食蚁兽一样，临河爪龙用弯钩一样的手指，掘开蚁穴，然后大快朵颐，享用难得的美餐。

临河爪龙的发现非常意外。2008 年 8 月，由中国古生物学家徐星领导的国际古生物科考小组，在内蒙古乌拉特后旗的巴音满都呼地区开展野外考察。来自英国和美国的两名博士研究生在一座山坡上，发现一些化石的碎片暴露在岩石上。当时初步判断这是一种小型恐龙，但并不知道它到底有多重要，然而谁又能想到这一发现是史无前例的。

这就是我！
临河爪龙！

伶盗龙：长得像火鸡的“迅捷小猎手”

还记得电影《侏罗纪公园》里面，用弯钩状的脚爪敲击地面的迅捷猎食者吗？它们的名气丝毫不逊色于霸王龙、三角龙。在电影里，它们被称作迅猛龙，其实我们更应该叫它另外一个名字——伶盗龙。

别看我个头小，
捕食起猎物堪比霸王龙

吸引眼球的电影形象

在电影里，伶盗龙身高约 1.5 米，身披鳞片，身手敏捷，智商颇高，喜欢成群出动。伶盗龙是很聪明的，但如果你以为它真的就是电影里那个模样，那你就错了！为了吸引眼球，电影中伶盗龙的形象更多地参考了恐爪龙的样子。其实它们的真实形象是头长 25 厘米，体长 1 米多（算上尾巴），臀高 50 厘米，重 15 千克，全身披毛，有点像长了一个长尾巴的大火鸡。

全身披毛

2007 年，古生物学家在一件伶盗龙化石的前臂上发现了羽茎瘤。羽茎瘤是鸟类的次级飞羽或初级飞羽通过韧带与骨骼相连接的地方，在相应骨骼上表现为小突起。羽茎瘤的发现意味着伶盗龙拥有羽毛，而且应该类似现代鸟类翅膀上的羽毛，包含羽轴与羽支所形成的羽片。

武器是脚爪

伶盗龙是驰龙科恐龙的一员，生活在白垩纪中晚期。伶盗龙目前只有两个种：模式种为蒙古伶盗龙，第二个种为奥氏伶盗龙。

伶盗龙是一种两足行走的肉食性恐龙。它们前肢较长，具有 3 根弯曲的指爪；后肢的第二脚趾有 1 根强大的弯曲的脚爪，长达 6.5 厘米，走路时会抬离地面。过去有学者认为伶盗龙的大爪子可能用于给猎物开膛破肚，现在的主流观点认为大爪子是用来按住蜥蜴之类的小猎物的。

定格生死瞬间

一件发现于 1971 年的化石标本保存了伶盗龙和原角龙搏斗的情形：两只恐龙正在激烈地搏斗，突然间沙尘骤起，风沙将天地连在了一起，沙丘倒塌，两只恐龙还没来得及分开，瞬间就被掩埋在了沙尘里。这件标本为伶盗龙是活跃的捕食动物提供了直接证据。

现在，伶盗龙的化石骨架在内蒙古自然博物馆、美国自然历史博物馆等国内外博物馆都有展出。

灵武龙：年代最古老的新蜥脚类恐龙

灵武龙是叉龙科的一类植食性恐龙，也是在东亚发现的唯一一种梁龙超科的成员。它的发现结束了宁夏过去没有发现恐龙化石的历史。

我是宁夏发现的第一种恐龙！

“U”形的头骨俯瞰面

灵武龙生活在侏罗纪中期，化石发现于宁夏回族自治区灵武市附近。模式种叫神奇灵武龙，种名“神奇”代表着出乎意料地在东亚发现了过去不曾发现的叉龙科化石。

2004 年，34 岁的宁夏灵武市磁窑堡镇（现名宁东镇）南磁湾村村民马云上山时，无意间发现了一块神秘的黄色石头，就跟一块大骨头一样，他随后将这块黄色石头交予当地文物管理部门。

2005 年，当地文物管理部门将其送到了中国科学院古脊椎动物与古人类研究所，经过古生物学家徐星鉴定，这是恐龙的大腿骨。徐星随即在该地区组织了数次野外发掘，先后共发现了 7~10 具大小不同、代表不同年龄阶段的恐龙个体化石，其中也包含头骨化石。

这就是我！灵武龙！

通过这些化石，总体上已经可以建构出灵武龙的完整骨骼结构。灵武龙的眼眶上缘具有纹饰，而且它不像其他梁龙超科成员的头骨俯瞰面呈长方形，灵武龙的头骨俯瞰面是呈“U”形的。

根据现场的地层特征，专家推测，这只灵武龙很可能是死于一场特大洪水。它的身体沉入水底，随着时间的推移，身上的软组织逐渐腐烂消失，骨骼则被泥层与河流的沉积物所掩埋，逐渐被石化，而它的化石也终因地壳变动和风雨侵蚀而外露到地表。

“隔离”也隔不住的恐龙

长期以来，梁龙超科被认为不曾存在于东亚。传统观点认为，蜥脚类恐龙晚期演化的一个分支——新蜥脚类恐龙在中侏罗世晚期到晚侏罗世早期的一个很短时间内出现并快速分化，最终占据了地球陆地生态系统的主导地位。而在新蜥脚类恐龙出现前，盘古大陆已经解体，东亚被分离出去，导致在恐龙的演化中出现了“东亚隔离”现象。包括梁龙类在内的一些动物类群，在东亚与其他大陆隔离之前尚未扩散到东亚，而东亚特有的马门溪龙也被认为是隔离演化的产物。

然而，灵武龙的发现动摇了此理论，证明梁龙超科也曾一度存在于东亚。研究者通过对灵武龙进行分析，认为在侏罗纪中期，新蜥脚类恐龙已经呈现多样化，并且分布广泛。

禄丰龙：中华第一龙

禄丰龙不仅是中国古动物馆的镇馆之宝，还是国内许多博物馆的恐龙明星。它作为巨型植食性恐龙的老前辈，给后代留下了超高的颜值和完美的身体构造，梁龙、雷龙、马门溪龙等就是显赫的成员。

团结就是力量

禄丰龙，属于大椎龙科、禄丰龙属，有许氏禄丰龙（模式种）和巨型禄丰龙两个种。巨型禄丰龙与许氏禄丰龙形态相近，但个体明显比许氏禄丰龙大，显得较为笨重。它们既能够仅仅依靠后肢直立式行走，也可以使前肢着地，用四肢做短距离移动。

禄丰龙的脑袋小而长，一对眼睛长在脑袋两侧，为它提供了更加开阔的视野。禄丰龙细长的脖子可以帮助它扩大进食范围，提高进食效率。与小脑袋和长脖子相比，禄丰龙的身体却显得十分粗壮。它身后的长尾巴不仅可以在它行走时保持身体平衡，当它站立时，还可以用尾巴来支撑身体，就像随身带着凳子一样。

禄丰龙的前肢长有锋利的大爪子，可以从树上扒树叶或防御肉食性恐龙的攻击。它的嘴中长着两排尖利的牙齿，能够切断树枝和叶子。科学家推测禄丰龙是植食性的，而不是杂食性的。禄丰龙最大的威胁来自同一动物群，与它“共处一室”的肉食性恐龙——中国龙。科学家曾经在一件禄丰龙化石的肋骨上找到了被中国龙的牙齿咬穿的痕迹。

在当时的环境中，尽管禄丰龙面临着重重危险，但它们依然是成功者。它们的制胜法宝就是以量取胜，到 2020 年，科学家发现的禄丰龙化石多达数十件。

开启属于国人自己的“恐龙时代”

1937 年 7 月 7 日，“七七事变”爆发。受战争的影响，北方许多科研机构和科学家都被迫迁往大西南。这次内迁的科学家中就有中国古脊椎动物学的奠基人杨钟健。刚满 40 岁的杨先生辗转到了云南昆明。在战火纷飞的年代里，杨先生一刻也没有停歇，他一到昆明就带领工作人员开展了相关的调查工作。

1938 年冬天，古生物学家卞美年在禄丰当地村民家中发现了一种特殊的油灯——底座是用脊椎骨化石制作而成，村民把它叫作“龙骨油灯”。在村民的指引下，卞美年来到发现“龙骨”的地方，找到了大量的恐龙化石。在云南发现恐龙化石，这可是第一次。在这之后，杨钟健与卞美年等人在禄丰就地组织了长达两个月的发掘工作，共采集到化石 40 余箱。研究发现，这些化石大部分都是恐龙化石，其中就包括较完整的禄丰龙化石。

1940 年，迫于战争的压力，研究人员将化石运到重庆。在战争时期，杨先生带领工作人员坚守岗位，潜心研究。1941 年，他将其中保存最为完整的一只恐龙命名为许氏禄丰龙。属名“禄丰龙”取自化石的发现地云南省禄丰市，种名“许氏”则是为了纪念杨先生在德国留学时，为他提供过重要帮助的一位德国古生物学家许耐。

许氏禄丰龙的发现是中国科学家不畏艰险、矢志科研的重要见证。它的发现开启了中国人自己的“恐龙时代”。禄丰也因此成了世界上研究早期恐龙的一个著名化石地点，被誉为“恐龙原乡”“化石之仓”。

许氏禄丰龙的问世，让杨先生一扫往日的阴霾，写下了《题许氏禄丰龙再造图》一诗，表达自己为祖国科学事业献身的坚定意志：

千万年前一世雄，赐名许氏禄丰龙。
种繁宁限两洲地，运短竟与三叠终。
再造尤见峥嵘态，像形应有浑古风。
三百骨骼书卷记，付与知音究异同。

世界首枚恐龙邮票的主角

许氏禄丰龙不仅是中国人自主发现、发掘、研究、装架并展出的第一只恐龙，同时其化石骨架也是第一具在中国装架起来的完整恐龙骨架。中华人民共和国成立之后，杨先生回到北京工作，许氏禄丰龙的化石也被搬到了北京。1958 年，中国邮政总局发行了一套三枚的古生物纪念邮票，许氏禄丰龙成了世界首枚恐龙邮票的主角。

马门溪龙：脖子最长的恐龙

当你看到优雅的长颈鹿时，也许会感叹：“它的脖子怎么这么长！”但如果追溯到远古时代，有一种动物的脖子比长颈鹿的还要长呢，那就是马门溪龙！作为脖子最长的恐龙，它凭借这个特点和一张明星脸冲出亚洲，走向世界！

长了“两个脑袋”

马门溪龙作为中国著名的恐龙明星，是我国特有的一种生活在侏罗纪晚期的大型蜥脚类恐龙，体长最长可达 35 米，重 60~80 吨。

马门溪龙是世界恐龙大家族里脖子最长的恐龙，颈长最长可达 15 米！它的脖子里面有 19 枚颈椎。马门溪龙长着一个小脑袋，你也许会问：“马门溪龙的脑袋这么小，身体却这么长，它要怎么控制自己的尾巴呢？”原来，马门溪龙的腰部有一个膨大的神经节，它可以通过这个神经节控制后肢和尾巴的活动。这样看来，马门溪龙就有“两个脑袋”：一个在头部，一个在腰部。

保持身材的秘诀

马门溪龙平时只吃植物。它的嘴里长满了勺子状的牙齿，可惜中看不中用，嚼起食物来就费劲了。所以它只好吃些石子，帮助研磨坚韧的植物纤维。

作为“恐龙明星”，吃相优雅也很重要！据科学家分析，马门溪龙不能像长颈鹿那样立起脖子吃树叶——它的脖子不能抬得太高，因为在颈椎的两边，有一根根长长的颈肋帮助它加固长脖子。如果头抬太高，颈肋就会把脖子戳坏了。所以马门溪龙总是“正襟危立”，优雅地左右摆头，充分

长脖马门溪，
四脚能着地。
天生脑袋小，
到处留足迹。

这就是我！
马门溪龙！

发挥长脖子的优势，非常注重餐桌礼仪！

这位“明星”每天除了睡觉就是吃东西，那么它的食量有多大呢？有人计算了一下，它每天要吃300千克的食物，从一睁眼开始就在不停地吃！长颈鹿一天要吃掉50多千克的树叶，它六天的食物量只够马门溪龙吃一天的。那么如何才能吃不胖呢？有人夸张地说：马门溪龙吃的早饭要经过“长途旅行”才能到达胃里面，到胃里的时候也应该是中午了，这样午饭也就不用吃了。

不想当明星都不行

马门溪龙虽然特点鲜明，有着与生俱来的“明星命”，但想要走红也得靠“星探”的挖掘和后期的宣传推广呀！迄今为止，马门溪龙是中国种类最多、地域分布最广的蜥脚类恐龙！目前已经发现了9个种类的马门溪龙：其中最早发现的叫作建设马门溪龙，最著名的叫作合川马门溪龙，最小的叫作安岳马门溪龙，身体最长的叫作中加马门溪龙，最原始的是井研马门溪龙，化石保存最好的是杨氏马门溪龙，最有争议、尚处于研究阶段的是釜溪马门溪龙和云南马门溪龙，还有一个压箱子底没发表的是在广元发现的马门溪龙。

我国多个省份都有马门溪龙的踪影。它们的出场率这么高，自然在全国甚至世界观众面前都混了个眼熟，再加上其独具特色的外表，想不成为明星都不行呀！马门溪龙不同种的骨架化石在中国古动物馆、北京自然博物馆、重庆自然博物馆、昌吉恐龙馆等多家博物馆展出，闻名海内外。

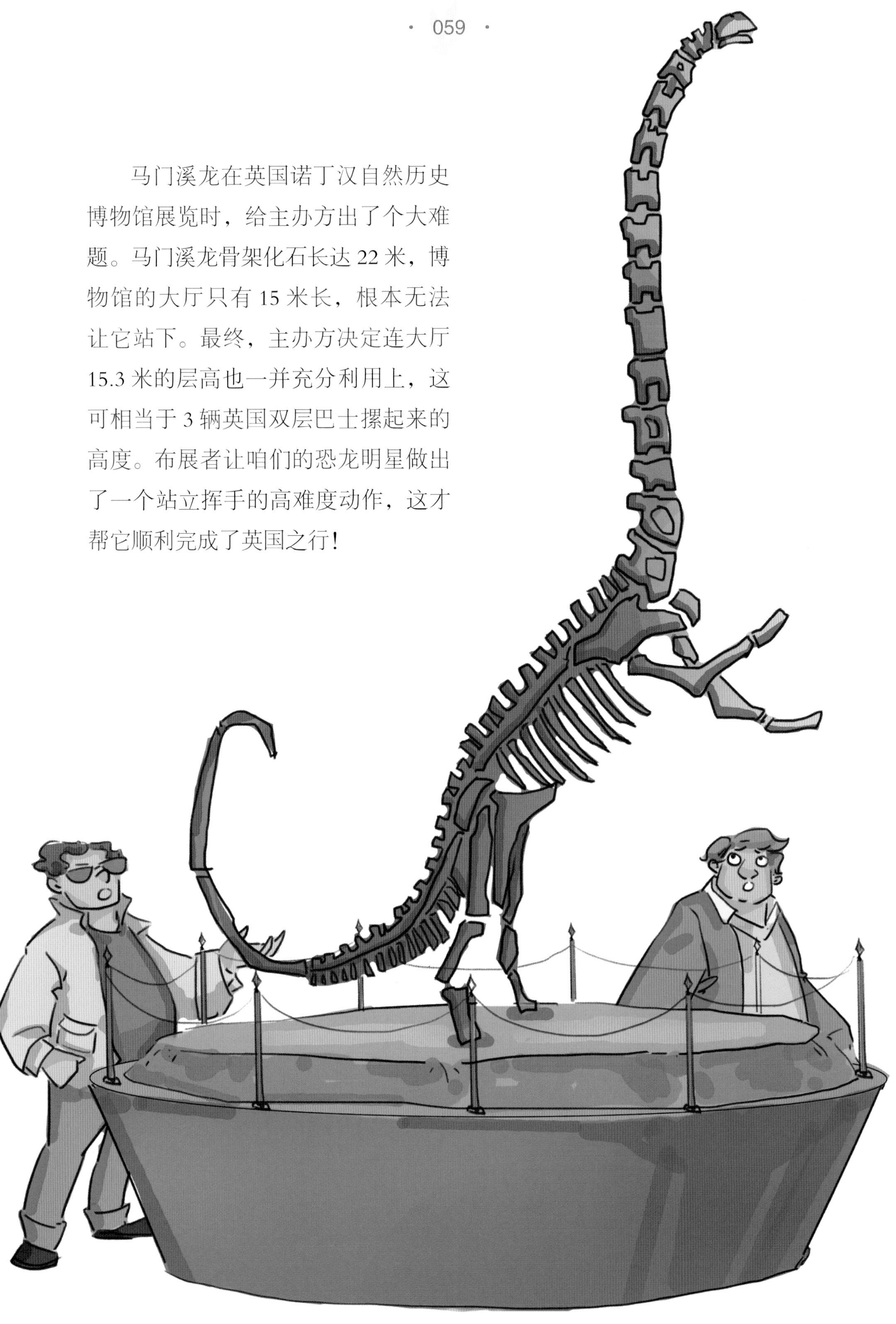

马门溪龙在英国诺丁汉自然历史博物馆展览时，给主办方出了个大难题。马门溪龙骨架化石长达 22 米，博物馆的大厅只有 15 米长，根本无法让它站下。最终，主办方决定连大厅 15.3 米的层高也一并充分利用上，这可相当于 3 辆英国双层巴士摞起来的高度。布展者让咱们的恐龙明星做出了一个站立挥手的高难度动作，这才帮它顺利完成了英国之行！

马鬃龙：前无古“龙”的食草专家

假如恐龙还活着，负责照看侏罗纪植食性恐龙的饲养员也许会遇到这样的问题：特意从内蒙古大草原拉来了成吨的优质牧草给它们改善伙食，这些平时食量惊人的庞然大物却无动于衷。是它们不喜欢吃吗，还是它们压根儿不吃草？

此“草”非彼“草”

要想科学地解决这个问题，首先我们必须弄清楚一件事情——到底什么是大家所说的“草”？我们常说的“草”，泛指与木本植物相对应的草本植物。但在植物的科学分类中，“草”其实是被子植物下属的禾本科植物的俗称。虽然我们常把恐龙想当然地分成食肉恐龙和食草恐龙两大类，但实际情况是，禾本科植物在地球生命演化史中出现得较晚，侏罗纪时期地球上还没演化出草！自然也不会有什么侏罗纪的食草恐龙。所以不考虑它们的生活时代时，将它们称为“肉食性恐龙”或“植食性恐龙”比较妥当。

由此看来，侏罗纪的植食性恐龙不是不吃草，是压根儿没有见过草。搞了半天，原来饲养员的植食性恐龙不吃牧草，就和我们秦朝时期的人不敢轻易吃玉米、胡萝卜一样，竟是因为“不识货”。

那么，谁才是世界上第一只品尝禾本科植物，正儿八经的食草恐龙呢？

第一只吃草的恐龙

马鬃龙，这名字一听就是素食主义者！但你千万不要误会，之所以叫马鬃龙，可并不是因为其后颈有如马一样的鬃毛，马鬃龙的名字来自它的家乡——甘肃省西北部的马鬃山地区。远远看去，那里山脊上碎石的排列和颜色宛如马背上的鬃毛一般。

马鬃龙生活在白垩纪早期，距今约 1.1 亿年，只有一个种，叫作诺氏马鬃龙。通过已经发现的化石证据，科学家判断马鬃龙是世界上最原始的鸭嘴龙类，同时具备禽龙的部分特征。经过复原的马鬃龙体长达到 7 米，体重约 2.5 吨，也算是一个大家伙了！而且它的四肢非常强壮，可以灵活地在两足和四足模式间自由切换。

这就是我！
马鬃龙！

泄露“天机”的牙齿

科学家到底是如何判断出马鬃龙的食物包括草的呢？一般来说，如果要研究恐龙的食性，最常见的办法就是研究它们的牙齿化石，通过牙齿的大小、形状、排列甚至一些细节痕迹，能判断出被研究的恐龙到底是无肉不欢的饕餮之徒还是与世无争的素食主义者。但这也只能定位到肉食还是植食的层面，为什么最后能确认说马鬃龙是前无古“龙”的“世界已知食草第一龙”呢？难道是在它的胃部发现了草化石？

你说对了！只不过，不在胃部，而是在牙齿上！

2018 年，中国科学院古脊椎动物与古人类研究所的科学家通过对马鬃龙牙齿的进一步研究，竟然在马鬃龙的牙齿之间发现了植物的细胞和植硅体残留。植硅体可以简单地理解成植物体内的结石，它们非常易于保存下来，而且不同植物中的植硅体类型也是不一样的，所以辨识度非常高。马鬃龙牙齿里发现的，经过

鉴定恰好就是一种属于禾本科的植硅体残留。这引起了巨大的轰动，因为之前科学家普遍认为禾本科植物起源于白垩纪中晚期，而这个发现，是世界上首次确定恐龙最早食草的科学证据。这次发现不仅确定了马鬃龙“世界已知食草第一龙”的身份，更把禾本科植物的起源推进到距今1亿多年的白垩纪早期。完全没有想到，吃饭塞牙又没有养成良好刷牙习惯的马鬃龙，竟然因此意外地成为科学家心目中的“宝藏恐龙”！

回到咱们的假设情景，如果你就在侏罗纪植食性恐龙饲养员求助的顾问团当中，你会提出什么样的解决方案呢？属于禾本科的“草”可是好东西，我们人类每天的主食，如水稻、小麦、玉米都是美味的禾本科植物！所以如何让复活的侏罗纪的植食性恐龙吃草呢？很简单，我们从隔壁的白垩纪恐龙园区中借一只马鬃龙，让它狼吞虎咽做一个示范！有了第一只吃“螃蟹”的恐龙，其他恐龙自然也就有样学样！

满洲龙：中国恐龙的“驻外大使”

中国是世界上发现恐龙种类最多的国家，几乎每个省都发现了恐龙化石，同时中国也是恐龙研究的绝对强国！那么，你知道在中国大地上最早被发现的恐龙是哪一种吗？它就是满洲龙。

一出土就“出国”

满洲龙目前只有一个模式种——黑龙江满洲龙，因为黑龙江的俄语译为阿穆尔河，所以黑龙江满洲龙又译为阿穆尔满洲龙。满洲龙最早的化石发现于中国黑龙江省伊春市嘉荫县，是生活在中国最北方的恐龙。

最早出土的满洲龙化石是一副保存较差的不完整骨骼，于 1914 年被黑龙江边的渔民发现，后被运到了圣彼得堡，最终由俄罗斯古生物学家于 1930 年发表与命名，该化石现存放于俄罗斯圣彼得堡的中央地质勘探馆中。

满洲龙是中国境内发现的第一种恐龙，但由于化石被运往圣彼得堡，知名度远不如此后由中国人自行发掘、研究并装架的禄丰龙，因此禄丰龙常被误认为是中国境内发现的第一种恐龙。我国后来又陆续发现了一些新的满洲龙化石，由新发现的化石组装的完整骨架现在在黑龙江畔的嘉荫神州恐龙博物馆展出。

祖国为我正名

满洲龙是一种两足或四足行走的大型鸭嘴龙类恐龙。鸭嘴龙科的主要特征是有一张扁平、宽大的形似鸭嘴的喙状嘴，易于撕下树叶与树枝；口中有数千颗牙齿组成的齿系，使它们能够更好地研磨植物，提高它们吸收营养的效率。

满洲龙体长至少有 6 米，活动于湖泊沼泽地带，以植物为食。满洲龙生活在 6600 万年前的白垩纪末恐龙大灭绝前夕，是恐龙帝国衰亡的见证者。同一时期的恐龙有体形相仿的黑龙江龙以及体形更为巨大的乌拉嘎龙、卡戎龙等。

2013 年，黑龙江满洲龙入选“中国百年十大最著名恐龙”。

芒康龙：雪域高原的恐龙

雪域高原不仅有虔诚的藏民、圣洁的喜马拉雅山，还有恐龙——芒康龙。

我见证了青藏高原的隆起！

川藏交流，来去自如

芒康龙，意思是“芒康县的蜥蜴”。芒康县位于西藏自治区东南部，与四川相望，与云南毗邻，海拔 3800 米以上。正是因为这样特殊的地理位置，所以它成了进入西藏的茶马古道的必经地。自唐朝以来，当盘绕在崇山峻岭的古道上的铃声响起，以骡马为主要运输工具的川茶便从四川源源不断地来到藏民餐桌上。

芒康龙的模式种是拉乌芒康龙，种名“拉乌”取自化石产地拉乌山。芒康龙属于剑龙类，长约 5 米，高约 1.7 米，生活在侏罗纪晚期。1976~1977 年，中国科学院青藏高原综合科学考察队古脊椎动物考察组在西藏昌都地区考察时，在芒康县拉乌山采得一批脊椎动物化石，其中包括一只恐龙的荐椎、骼骨、背板等。这些标本目前珍藏在中国科学院古脊椎动物与古人类研究所。芒康龙则是 1986 年由赵喜进研究员命名的，当时认为它是甲龙类，遗憾的是科学家没有对标本进行描述。1990 年，董枝明研究了芒康龙的构造后，认为它是典型的剑龙。还有专家认为，与芒康龙一起发现的其他恐龙可能与四川盆地相关的动物群

相似，它们有可能属于一个动物群。因为那个时期西藏还没有这么高的海拔，所以川藏地区动物交流应该比较容易。

抬升的青藏高原

由于化石的状态破碎，芒康龙的有效性曾遭到一些专家的质疑。但任何科学的结论都不是一蹴而就的，要经过反复的论证。尽管芒康龙的归属还不是很明确，但至少说明在侏罗纪晚期，青藏高原的海拔应该还不高，气候也比较温暖，恐龙才能生存下来。在侏罗纪晚期，地球上的联合古陆分成了两块，北边是劳亚大陆，南边为冈瓦纳大陆。白垩纪晚期的地球大陆格局已经变成了现在大致的模样，但那个时候，青藏高原还没有隆起。直到约5000万年前，印度板块的撞击才使得青藏高原不断抬升，在随后的数千万年中，芒康龙随着青藏高原一直“爬升”了数千米。

这就是我！芒康龙！

寐龙：梦回白垩纪

世界各大博物馆早已复原展示了各种行走、奔跑、打架、猎食的恐龙生活场景，可是谁也没见过睡着的恐龙。那么你可知道它们都是用怎样的睡姿度过漫漫长夜的？无龙敢惹的冠龙肯定是睡得四仰八叉，时刻需要防备偷袭的近鸟龙恐怕得睁一只眼闭一只眼，而有着长长脖子的马门溪龙说不定可以以树为枕……

名字不简单

2004 年，中国古生物学家徐星与美国学者诺瑞尔在中国辽宁省北票市一个叫陆家屯的地方，发现了一件非常特别的恐龙化石。到底有多特别呢？科学家发现，这件化石不但保存完整，而且保留着恐龙睡觉时的姿态，这可是一个前所未有的新发现！于是，科学家将这只熟睡中的恐龙命名为寐龙，“寐”这个字，就是睡觉的意思。

寐龙是一种生活在白垩纪早期的小型伤齿龙类恐龙。它是第一种用汉语拼音命名的恐龙，但可不只是简单的拼音，其中包含了属名“Mei”和种名“Long”。所以实际上“寐龙”就已经是它的全名，但按照中文译名种名在前的传统，则应该翻译为“龙寐”，或者“龙形寐龙”。不过大家都习惯叫它“寐龙”了。

不挑食的“小鸭子”

寐龙的体长仅仅53厘米，就像鸭子一般大小。但你可别小瞧它，寐龙可不是光吃素的！寐龙作为一种原始的伤齿龙类，同样具有标志性的镰刀状指爪和捕食用的前肢。它口中小齿遍布，齿尖非常尖锐，两排牙齿向后弯曲，这说明寐龙不光能吃植物的果实，还能吃昆虫、蜥蜴，说不定还能捕捉张和兽、热河兽这样的小型哺乳动物，是一种非常灵巧的杂食性小型掠食者。

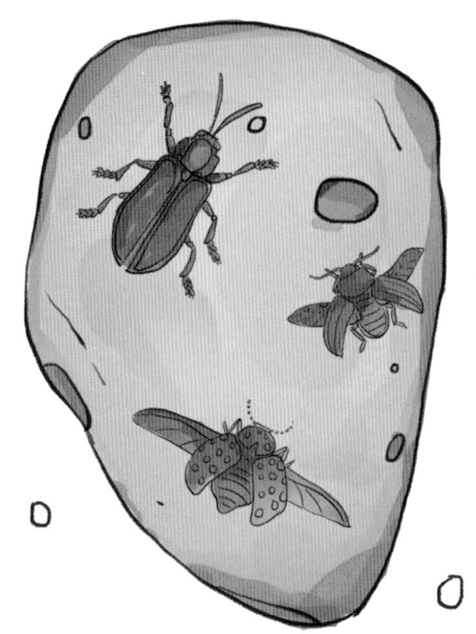

这就是我！寐龙！

像小鸟一样睡觉

寐龙的化石骨骼除了表现出与鸟类相类似的骨骼结构，还保存了几乎和现代鸟类一模一样的睡觉姿态。让人有些意外的同时，却又再一次印证了恐龙和鸟类的亲密关系。无论是之前各种带羽毛恐龙提供的形态学证据，还是像寐龙化石一样提供的行为学证据，都为我们推测生物的演化过程提供了绝佳的支持。

寐龙之所以会像鸟类一样把身体蜷缩起来睡觉，可能是为了减少身体热量的散失，这也证明它很可能已经朝着现代鸟类的温血机制方向演化。至少相比其他恐龙，寐龙的新陈代谢水平要高得多。

也许就在白垩纪早期，调皮的小寐龙在森林里追着几只小蜥蜴跑了一整天，夜幕刚刚降临，小寐龙环视一下四周，找了一个安全的地方准备休息。此时阵阵寒风袭来，只见它把脑袋垂下，双脚缩进肚子下面，长长的后肢蜷缩于身下，把自己团成一个小团，就像现在的小鸭子一样慢慢地进入了梦乡。这是一个穿越亿万年的梦，梦里是飞向蓝天的惊奇之景！

2017 年，寐龙和马门溪龙一起去了趟英国，参加“中国龙，英伦行”展览，跟着马门溪龙蹭了不少关注度。英国的孩子都非常喜欢小寐龙，在留言本上纷纷留言：“它太可爱了！我们真的舍不得它走。”

泥潭龙：好奇怪的手型

如果让你伸出手指先比画出数字“5”，再比画出数字“3”，你会选择缩回哪2根手指呢？如果换作是恐龙，它又会缩回哪2根手指呢？

身陷泥潭，
心向蓝天。

恐龙究竟是不是鸟类的祖先

我们现在都知道鸟类是恐龙的后裔，但是最初恐龙可是有5根手指，而到了鸟类身上就只剩下3根手指，这中间的过程，恐龙到底是怎么比画出数字“3”的呢？

从早期科学家发现的化石证据来看，当兽脚类恐龙开始一步步向鸟类演化的时候，最先退化的是外侧的2根手指。但是随着现代发育生物学的发展，科学家对鸟类指骨的形成进行进一步研究后，发现鸟类的翅膀是两侧退化，保留的是中间三指。

恐龙和鸟类的手指竟然不一样？那恐龙还是鸟类的祖先吗？如果骨骼的进化结果不一样，羽毛的证据还能一锤定音吗？比画数字“3”竟然还比画出了问题。这就是长期困扰着科学家的鸟类手指同源疑案，直到泥潭龙登场，这起疑案才被解开。

名字背后的悲剧

为什么叫泥潭龙？难道这是一种生活在泥沼里的恐龙？其实它不爱玩泥巴，这个名字源自一个无心酿成的悲剧。

侏罗纪晚期的新疆五彩湾是一个充满生机的恐龙王国，季风气候的影响让这里夏季湿润、冬季干燥。那是雨季的一天，持续的雨水让本已湿滑的地面泥泞不堪，几只大型的蜥脚类恐龙途经此处，身形庞大的它们在沿途踩下了一个又一个巨大的深坑，但很快深坑被雨水灌满。天刚刚放晴，几只小型的原始角鼻龙类恐龙打闹至此，它们完全没有注意到潜在的危险，一不留神便接连陷入深坑。体长不过 1.7 米的它们陷入泥泞的深坑不能自拔，没想到这一陷就是亿万年。

当它们被发现时，科学家感慨万千，这才有了泥潭龙的称号，而仅有的一个种，也被戏剧性地叫作难逃泥潭龙。

“泥手”藏着大秘密

在这个“中国最不幸的恐龙”身上，却暗藏了两个特殊的秘密。其中之一就是刚刚我们说的手型问题。泥潭龙可没有比画数字“3”，而是比画了数字“4”，就是这个介于 3 和 5 之间的数字，破解了困扰着科学家的鸟类手指同源疑案。

泥潭龙一共只有 4 根手指，第五指（相当于人类的小拇指）早已不见，符合其他兽脚类恐龙的演化模式。但让人惊讶的是，相比本该退化的第四指（相当于人类的无名指），反而是第一指（相当于人类的拇指）退化得更为严重。也就是说，泥潭龙在从 5 指向 3 指演化的过程中，最早退化的是两侧的指骨，这样一来，就完全符合鸟类的发育模式了。不过，泥潭龙不是鸟类的直系祖先，可能只是手指的发育模式和鸟类有着相同的演化规律。

牙齿可以长"丢"

随着科学家对一个个大泥潭进行发掘，越来越多的泥潭龙重见天日。科学家一共找到了代表 6 个不同年龄段的 19 件个体标本，但是它们的牙齿数量竟然全不一样。泥潭龙竟然还有掉牙的毛病！这便是暗藏在泥潭龙身上的第二个秘密。

刚出壳的泥潭龙宝宝虽然体长不过 30 厘米，但嘴里至少有 42 颗牙齿；长到半岁时，牙齿就只剩下 34 颗；到 1 岁左右，口中的利齿竟然一颗也不剩下！这可不是简单的"老掉牙"，结合其体内发现的胃石，科学家惊讶地发现，泥潭龙竟然还有食性转移的特点：小时候无肉不欢的它们一到成年，倒修身养性、与世无争地吃起了素。这是彻底的构造变化，在泥潭龙身上，从龙齿到鸟类角质喙的变化过程一览无余。

无论是奇怪的手型还是掉牙的嘴，这一个个泥潭对于科学家来说充满了惊喜。亿万年过去，泥潭龙永远困在了沼泽里，而恐龙最终飞向蓝天。

盘足龙：漂洋过海去看你

中国的恐龙挖掘和研究的时间非常早，但很遗憾，早期主要由外国机构在国内组织考察和发掘，化石多收藏于国外的大学和自然博物馆中。因此想看盘足龙，只能漂洋过海去看它，其正型标本存放在瑞典乌普萨拉大学的古生物博物馆。

离家最远的恐龙

时间回到 1921 年，刚刚拿到博士学位的师丹斯基来到中国。1923 年，师丹斯基和我国地质学家谭锡畴来到山东省蒙阴县考察，挖掘出了一些恐龙化石，这其中有兽脚类恐龙的牙齿和剑龙类化石，此外还有两具不完整的蜥脚类恐龙骨骼化石。师丹斯基把自己发现的化石送到了瑞典的乌普萨拉大学，由维曼负责研究。

1929 年是中国古生物学会成立之年，也标志着中国恐龙研究的开始。维曼在《中国古生物志》上发表了发现于山东蒙阴的师氏盘足龙和中国谭氏龙的相关论文。盘足龙最著名的特点是脚像圆盘子一样，所以翻译为盘足龙。种名“师氏”则是为了纪念它的发现者师丹斯基。这是中国目前背井离乡、离家最远的恐龙！

师丹斯基，奥地利人，瑞典地质学家安特生的助手。1921~1923 年，他们在北京周口店发现了第一颗 50 万年前的古人类的牙齿。正是因为他们的发现，随后我国在周口店进行了大规模的发掘。1929 年 12 月 2 日，我国古生物学家裴文中在周口店发现了第一颗完整的北京猿人的头盖骨。

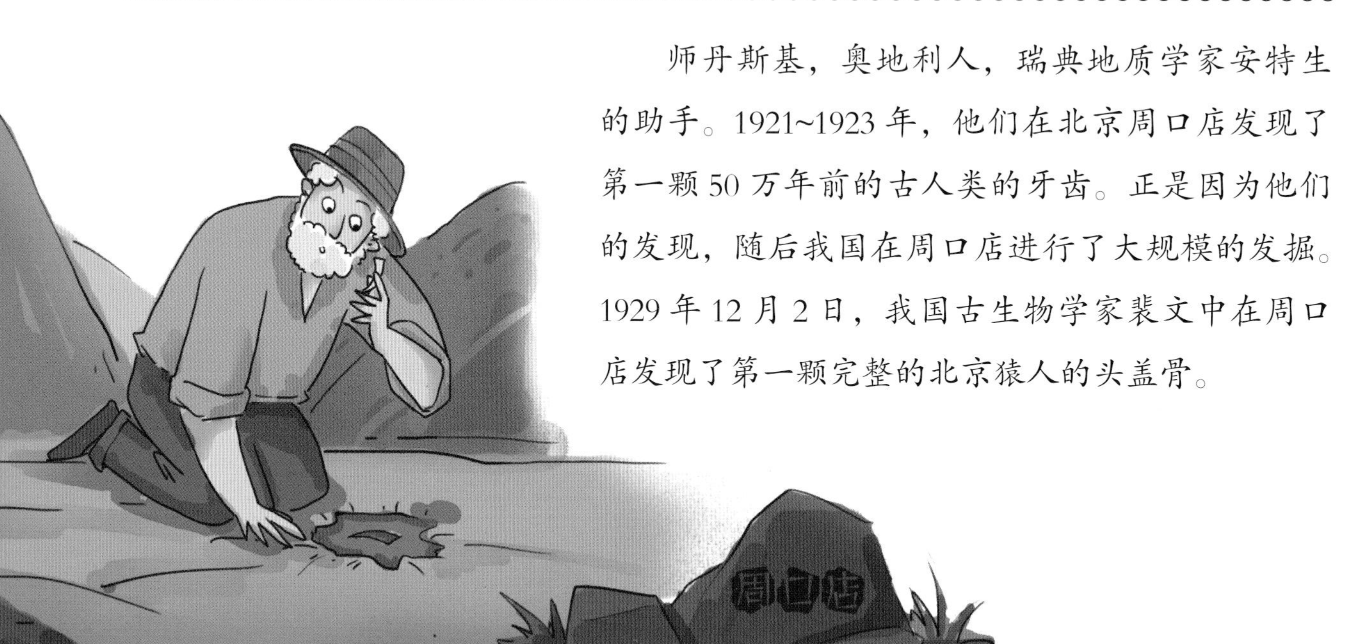

身材虽小，气场不能输

盘足龙生活在白垩纪早期。其体长大约为 11 米，肩部高度可达 2.5 米，体重 5~10 吨。盘足龙的头骨几乎完整，这在蜥脚类恐龙中是较为罕见的。盘足龙的头骨较高，类似于圆顶龙。在早年的分类中，盘足龙被归入了圆顶龙类，但是随着研究的深入，现将之归入原始的泰坦巨龙类。相对于其他的巨龙类恐龙而言，盘足龙的体形并不是很大，属于巨龙类中的侏儒！遇到肉食性恐龙的攻击时，盘足龙只能依靠前高后低的身体结构站立起来，用前肢攻击、踩踏敌人。当然这样的身体结构也是有好处的，盘足龙可以像长颈鹿一样，吃到更高处、更鲜嫩的树叶。与盘足龙相比，马门溪龙和峨眉龙有更长的脖子，但由于前腿相对较短且颈肋也限制了长脖子的弯曲，所以不会像盘足龙那样可以“昂首挺胸”。

这就是我！
盘足龙！

奇翼龙：御风而行，化身“蝙蝠侠”

我真的不是奇怪的翼龙！

恐龙在征服蓝天的过程中，并非只有长羽毛这一种尝试，如奇翼龙，它就是用翼膜飞行的，它是世界上发现的第一种带有翼膜的恐龙。

一切都是为了飞翔

自脊椎动物诞生以来，一些“天空探险家”便逐渐踏上了各自的征服蓝天之旅。它们的翅膀结构大相径庭。例如：翼龙、蝙蝠和飞鼠的翅膀由皮膜组成；鸟类的翅膀由羽毛组成；而发现于辽西热河生物群的赵氏翔龙甚至任性地直接将肋骨延长，支撑皮肤形成了翅膀。这群执着于飞上蓝天的“狂热分子”恨不得像小飞象一样，连耳朵也用来飞翔!

截至目前，古生物学家已对大量带羽毛的恐龙进行了研究，证实鸟类是由恐龙演化而来的，而恐龙在成功演化成鸟类之前还经历过四翼阶段。近年来的研究表明，恐龙对于飞行的尝试可不只有长羽毛这么简单。

“炸开了锅”的主角

2007 年，河北省青龙县的一位农民在当地采石场采石时，发现有的石板上有类似化石的东西，他将这些石板送到了天宇自然博物馆。博物馆的研究人员邀请中国科学院的专家对化石进行研究，其后，相关的论文发表在 2015 年的《自然》杂志上。研究成果一出，瞬间让整个古生物圈“炸开了锅”！

能够掀起轩然大波的主角，便是恐龙中的“蝙蝠侠”——奇翼龙。研究显示：恐龙在学习飞行的过程中也存在非主流——羽毛与皮膜共生，这种飞行结构与蝙蝠的翅膀有些类似。

这就是我！
奇翼龙！

长相奇特的“飞天怪才”

奇翼龙属于擅攀鸟龙类，只有奇翼龙这一个种。擅攀鸟龙类生活在侏罗纪的中期到晚期，与鸟类的亲缘关系非常近。这一类群虽然处在以羽翼为特征的鸟类支系上，却演化出了类似蝙蝠的翼膜翅膀，这种“混搭风”让它们看起来既像鸟类又像蝙蝠。截至目前，擅攀鸟龙类共发现四种，分别是宁城树息龙、胡氏耀龙、奇翼龙和长臂浑元龙。其中，发现于 2019 年的长臂浑元龙，体形娇小，是目前保存最为完整的擅攀鸟龙类化石。

奇翼龙生活在侏罗纪晚期，但它可不是奇怪的翼龙哟！它的属名“翼龙”取自化石中保存的翼膜结构，种名“奇”字则表明了它奇特的身体构造。

翼龙与恐龙一样，都是生活在中生代的爬行动物。从外观上看，翼龙与恐龙最大的区别，就是有由皮膜和延长的第四指所构成的翅膀。不过奇翼龙的发现打破了这一界限！

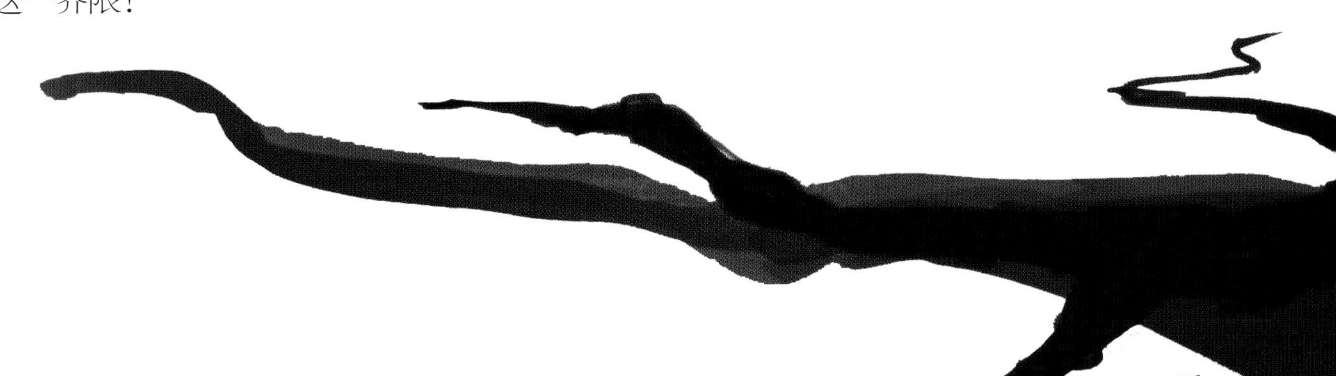

奇翼龙的脖子较短，身体偏瘦，尾骨上面长有4根长长的羽毛。最奇特的，还是要数它那长得异常“放飞自我”的四肢：它的前肢末端长有3根手指，其中第三指极度延长。它的腕部长有一根细长的棒状骨，这根骨头之前在其他恐龙的身上从未发现过。当奇翼龙张开前肢时，延长的第三指与棒状骨就能一起支撑翼膜形成翅膀。

奇翼龙长着一双迷人的大眼睛。其体形与鸽子相当，体重约 380 克，体长约 20 厘米，即使是加上尾巴上带状的长羽毛，体长也不会超过 80 厘米，比同属擅攀鸟龙类的胡氏耀龙略大。研究发现，它的后肢肌肉发达，可用于两足行走或奔跑。奇翼龙的牙齿细长，且仅存在于嘴的前端。科学家推测其上颌的牙齿有可能暴露在嘴巴之外，以昆虫和小型动物为食。

会滑翔也会爬树

奇翼龙不仅能够张开双翼滑翔，还能爬树，平时都“不走寻常路”，行踪非常诡秘。它把自己的家安在了气候温暖、树木繁茂的密林中，吃住都不愁！同时，它的身上还长有短而细密的羽毛。科学家推测其毛发的颜色主要为绿色和棕色，这样的保护色可以让它与周围的环境很好地融为一体。

由于化石不完整，目前科学家还不确定奇翼龙的双翼是只长在前肢上，还是与后肢相连，也不确定它是否能像鸟儿一样自由飞翔。尽管如此，它的发现对于我们了解恐龙形态的差异性和鸟类飞行的起源仍然具有重要的意义。它的发现也证明了：在自然界中，生物的演化充满无限的可能性！

奇翼龙的化石现收藏于山东天宇自然博物馆。

虔州龙：暴龙界的“匹诺曹”

赣州除了有脐橙，还有大恐龙。在这山清水秀、鸟语花香的土地下，埋藏着许许多多尚未被发现的恐龙骨骼化石和恐龙蛋化石。

“鼻子”最长的暴龙类恐龙

这里好像有化石。

2010年9月，在江西省赣州市南康区某建筑工地发现了一些零散的恐龙化石，当地有关部门随即对化石发现地进行了抢救性保护。两年后，化石得到了修复师的精心修复。通过后期科学家的研究，发现这些化石属于一种全新的暴龙类恐龙，相关论文于2014年5月在《自然通讯》杂志上发表。该恐龙被命名为虔（qián）州龙，生活在白垩纪晚期。

奇特的是，这种中等体形的恐龙吻部奇长无比，一跃成为世界上“鼻子”最长的暴龙类恐龙。（吻部长度占头长的三分之二还多，当然这种把“吻部”比作“鼻子”的说法也不完全准确）它好似童话故事里的匹诺曹，所以它也有个绰号叫作雷克斯匹诺曹龙。

当虔州龙遇上霸王龙

暴龙类是恐龙界的大家族，以冷酷无情、凶神恶煞著称。其中名声最大的是来自北美洲的雷克斯暴龙，也有人翻译为霸王暴君龙，就是我们经常说的霸王龙。

虔州龙和霸王龙都生活在白垩纪晚期，但是由于生活领地相隔太远，它们永远也见不到面。

试想一下，如果它们打上一架，谁会更厉害呢？根据有限的化石材料，科学家推断虔州龙体长约 6.3 米，重约 750 千克；牙齿没有化石保存，但根据其齿槽形态判断，牙齿长而窄，应为肉食性。而霸王龙体长可达 14 米，头部粗壮。相比前者，后者在力量上有绝对优势，咬合力更胜一筹。

如果两只恐龙大战一回合，好比剪刀对战大刀。很明显，虔州龙不是霸王龙的对手。但虔州龙也有它的优势——体形相对小巧，头骨更加纤细。在运动战中，虽然虔州龙在力量上不如对手，但是在灵活性和奔跑速度上，估计更胜一筹。

2019 年，在距离虔州龙发现地 30 千米远的一处工地上，人们发现了一个长达 58 厘米的暴龙类恐龙足迹。从化石留下的形态特征与虔州龙的化石分布情况来看，该巨型足迹化石有可能是昔日正巧在湖边经过的虔州龙留下的。通过足迹化石我们可以得知，6600 万年前这里温暖湿润、植被茂盛、湖泊众多，呈现一片欣欣向荣的景象。

虔州龙的化石现收藏于赣州市博物馆。

巧龙：蜥脚类恐龙家族的“小矮龙”

号外！号外！杀害巧龙的真凶找到了！发生于新疆的“巧龙墓地案”破案了。听说那个时代有凶猛的单脊龙，会不会凶手就是它们呢？

是谁害死了 17 只巧龙？

用膳自备“汤勺”

巧龙化石最早发现于新疆准噶尔盆地。巧龙的模式种——苏氏巧龙，由董枝明先生于 1990 年描述。属名“巧龙”意思是发现的化石模式种体形精致小巧，种名“苏氏”是为了纪念中国科学院古脊椎动物与古人类研究所已故的化石修复师与装架专家苏有伶。巧龙是他生前修复的最后一批化石标本。

巧龙生活在侏罗纪中期，属于蜥脚类恐龙，但和通常我们熟悉的蜥脚类恐龙有些不同。截至 2020 年，已经发现的 24 个巧龙个体还没有一只身材高大的。通过骨骼化石推测，它们都是身长 5 米左右的“小”家伙。这明显不符合蜥脚类恐龙的平均体长。难道说发现的巧龙化石都是幼年族群，还是说它们成年后也是“侏儒”身材？根据研究，专家认为是前一种推测，也有学者有不同推测，但还缺乏化石证据。目前还没有发现巧龙的成年个体，巧龙也暂时以小巧的身材登上了蜥脚类恐龙家族“小矮龙”的榜首。

巧龙吃什么呢？满口像汤勺一样的勺形齿暴露了它的食性。原来“娇小”的巧龙和高大的马门溪龙牙齿都呈勺状，取食方式都是移动脖子将叶片从树枝上撸下来后，不加咀嚼地直接吞下。

自然灾害才是真凶

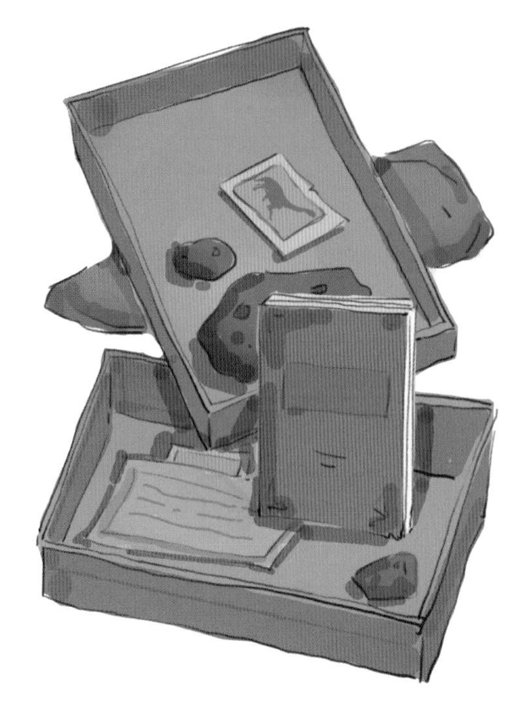

1954 年，新疆石油管理局的一支野外勘探石油小组在新疆准噶尔盆地克拉美丽地区无意间发现了一个恐龙化石埋藏点，于是将此地命名为恐龙沟。1982 年，中国科学院古脊椎动物与古人类研究所的新疆古生物科考队在恐龙沟发现了大量集体埋藏的恐龙化石。这些化石比较零散，没有一具完整个体，随后经过研究，科学家发现这一化石堆是由 17 只大小相近的幼年巧龙组成。

那么到底是谁害死了这 17 只巧龙呢？其实真凶并不是同时期的肉食性恐龙，而是一场自然灾难。古生物学家在挖掘化石的同时做了大量记录并拍照留存，发现化石个体数较多但都不完整，骨骼化石解体较为明显。通过对埋藏化石的土壤和化石的埋藏方向综合研究判断，这些巧龙生前经历了一场突如其来的洪水，身体在洪水的冲刷搬运期间分散解体，在一处低洼平缓处被埋藏，最终沉积形成了集群埋藏的恐龙化石。而大量不同年龄段的巧龙个体集群埋藏的情况，也让科学家推测，巧龙具有群居的习性。

这就是我！
巧龙！

巧龙骨架现展出于新疆地质矿产博物馆、天津自然博物馆等单位。

窃蛋龙：请给我一次改名字的机会

元代著名戏曲作家关汉卿曾创作了一部杂剧，叫作《窦娥冤》，讲述了一个弱女子被坏人冤枉的故事。其实恐龙中也有一个被误解多年的代表，它如果会说话，一定会张口说：“我比窦娥还冤呀！”

不窃蛋的窃蛋龙

听到窃蛋龙的名字，很多人会以为这是一种专门偷蛋的恐龙，但其实它们不偷蛋。1923 年，美国古生物学家在蒙古戈壁发现了一具恐龙骨骼化石，在其旁边还有一窝恐龙蛋化石。因为当时科学家认定这窝蛋是属于当地一种很常见的恐龙——原角龙，所以推测这只恐龙是为了来偷原角龙的蛋而出现在这里。骨骼化石经过研究后，被认为属于一种新的兽脚类恐龙。1924 年，它被命名为窃蛋龙，又名偷蛋龙。

不是小偷，是慈母

窃蛋龙生活在白垩纪晚期，目前只有一个种，名字则是连“犯罪过程”都讲了出来——喜好角龙窃蛋龙。这是中国命名的第一种兽脚类恐龙，它们两足行走，具有锋利的爪子，肉食性。

1993 年，另一种窃蛋龙类——葬火龙带有胚胎的蛋化石的发现，才让大家明白，当年推测窃蛋龙去偷吃的原以为是原角龙的蛋，其实是窃蛋龙自己的蛋。后续的研究还发现，窃蛋龙属于温血恐龙，它们的蛋需要一个恒定的温度才能孵化，所以 70 年前发现的窃蛋龙并不是在偷蛋，而是在孵化自己的蛋。这一发现让窃蛋龙从“小偷”一举变为慈母，70 年的冤情终于得以昭雪！然而根据国际上生物命名的“优先律”原则，尽管窃蛋龙不偷蛋，但是名字一旦确定是有效命名，就不能再改了。

通过研究骨骼、生活习性等特征，河源龙、莽火龙都被归为窃蛋龙类，所以尽管莽火龙和河源龙不叫窃蛋龙，但它们也是窃蛋龙家族中的成员。

和鸟类拥有共同的祖先

窃蛋龙体长 2~3 米，高约 1.5 米，骨骼跟鸟类很像，颈长尾短，后肢发育，身披羽毛，有喙无齿，再加上孵蛋的特性，都会使人联想到鸟类，但窃蛋龙并非鸟类的祖先。鸟类在 1.5 亿年前就出现在地球上，比窃蛋龙要早，目前认为窃蛋龙和鸟类拥有共同的祖先。

“窃蛋龙”只是它的名字，不能代表它的“龙品”。尽管恶名已经无法去除，但这并不影响窃蛋龙慈母般的形象，反而使窃蛋龙的故事增添了几分色彩，让人更加印象深刻。

窃蛋龙的骨架在内蒙古自然博物馆、广东省博物馆等单位都有展出。

秦岭龙：龙脉上的中国龙

秦岭有华夏龙脉的美誉，虽然龙脉一说源自传统文化里人们的想象，但是科学家最终发现龙脉上确有真龙——秦岭龙。

是南是北，秦岭说了算

“橘生淮南则为橘，生于淮北则为枳”，南北差异真的有这么大吗？还真有！南米北面、南甜北咸、南尖北平、南船北马、南涝北旱……你还能想到什么呢？比如，我们常常会因为“是汤圆还是元宵”“豆腐脑是甜的还是咸的”等南北差异而争论。那么这道南北界限到底是被怎么界定的呢？其实我们之所以会“吵”起来，除了淮河这个地理上的标记外，秦岭也是功不可没的。

秦岭，西起青海，连接祁连山、昆仑山脉，东抵河南，与大别山相望，在襄樊地区没入我国东部黄淮平原，绵延1300多千米。其主体位于陕西省南部，最高点位于陕西省宝鸡市境内的太白山顶，海拔3771.2米。这条巍峨的山脉横亘我国中部，成为我国南北地区最重要的分界线，在地质学、地理学和生物学上有着非常重要的研究意义。正是因为

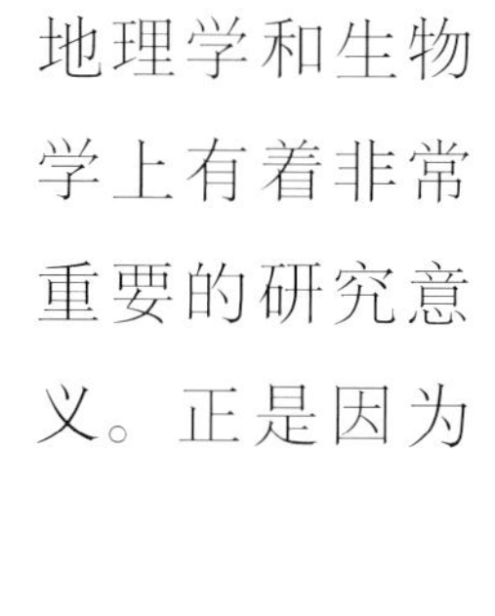

秦岭的存在，所以才最终形成我国不同的地形地貌、植被和生态环境，也因此有了江南水乡和北国风光。

龙脉上的“真龙”

早在 1929 年，杨锺健先生就在陕西省神木市附近发现了禽龙的足迹化石，这可是我国发现的首个恐龙足迹化石。20 世纪 80 年代，科学家在秦岭山间又陆续发现了许多恐龙足迹化石、恐龙蛋化石和骨骼化石，不仅数量多，分布也很广泛。在洛南红土岭地区的红色砂岩中，人们找到了一些蜥臀目恐龙的化石，分别是肠骨、耻骨和 3 块脊椎骨。这些化石在同一个地点彼此叠置，明显来自同一个恐龙个体。

这就是我！
秦岭龙！

经过复原，科学家发现这是一种相当进步的蜥脚类恐龙。它的肠骨长（77 厘米）而低矮，前后两端格外向外弯。和我们熟知的马门溪龙有些类似的是，它们的耻骨突都非常粗壮且位置居中。但是再经过对比，在洛南发现的这个标本因为耻骨和坐骨突的间距长，所以它的髋臼（kuān jiù）非常宽大，这样的特点又足以与盘足龙、马门溪龙和梁龙有所区别。

1996 年，经过中国地质学家薛祥煦和古生物学家张云翔、毕延等几位科学家的共同研究，最终把这只在龙脉上找到的恐龙命名为秦岭龙，只有一个种——洛南秦岭龙。这是一种生活在白垩纪晚期的进步蜥脚类恐龙，体长 15~20 米。当然因为发现的化石并不多，所以科学家只是推测它属于泰坦巨龙类。

是南方龙还是北方龙

这就是曾经生活在龙脉上的恐龙，那么它当时属于南方龙还是北方龙呢？其实，不只是今天，早在亿万年前的地质历史时期，秦岭地区已经是分割我国南北地区的一道屏障，把北边的华北板块和南边的扬子板块分割开来。只不过那时候的屏障不是巍峨的山脉，而是深深的海沟。秦岭地区在相当长的一段地质历史时期里，一直处于被海水淹没的古海洋环境的状态。直到印支期剧烈的地壳运动，才使得秦岭古海盆闭合并褶皱隆起。等海水退去，秦岭造山带终于将位于两侧的华北板块和扬子板块联合起来，统一的中国大陆至此形成。

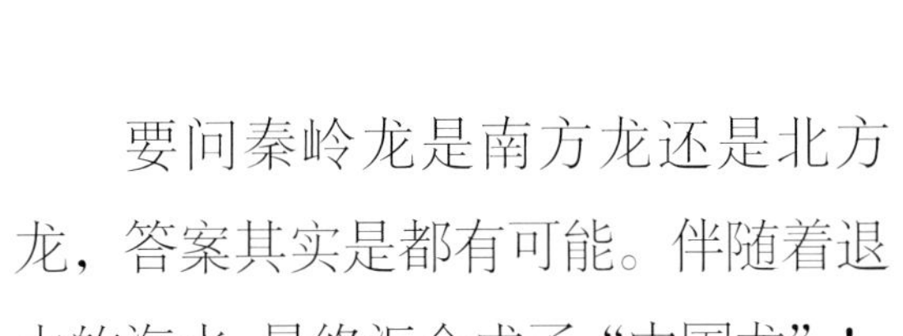

要问秦岭龙是南方龙还是北方龙，答案其实是都有可能。伴随着退去的海水,最终汇合成了“中国龙”！

青岛龙：我是“唱歌冠军”

独角兽是古代神话传说中一种头顶正中长有一只单角的动物。各种传说中独角兽拥有不同的超能力，有的说它可以飞翔，有的说它的角拥有难以置信的治愈能力，还有的说它永生不死……青岛龙被誉为“恐龙中的独角兽”，让我们来看看它有什么超能力吧！

不“生”在青岛的青岛龙

青岛龙目前只有一个种——棘鼻青岛龙，因鼻骨上长了一根骨质棘棒而得名。

青岛龙的化石最早于 1950 年春天，由山东大学师生在山东莱阳的野外实习过程中发现。为什么在莱阳发现的恐龙却以青岛命名？中国科学院古脊椎动物与古人类研究所的董枝明先生回忆说：“当时杨锺健先生的大本营设在青岛，在三个多月的发掘过程中，他经常在青岛与莱阳之间奔波。他的一些研究工作是在青岛做的，恐龙化石的首次展览也放在了青岛。”另外当时山东大学地处青岛，念及在该大学任教的周明镇博士等人的发现之功，诸多因素使杨锺健先生将“莱阳龙”命名为“青岛龙”，这是中华人民共和国成立后发掘和命名的第一种恐龙。

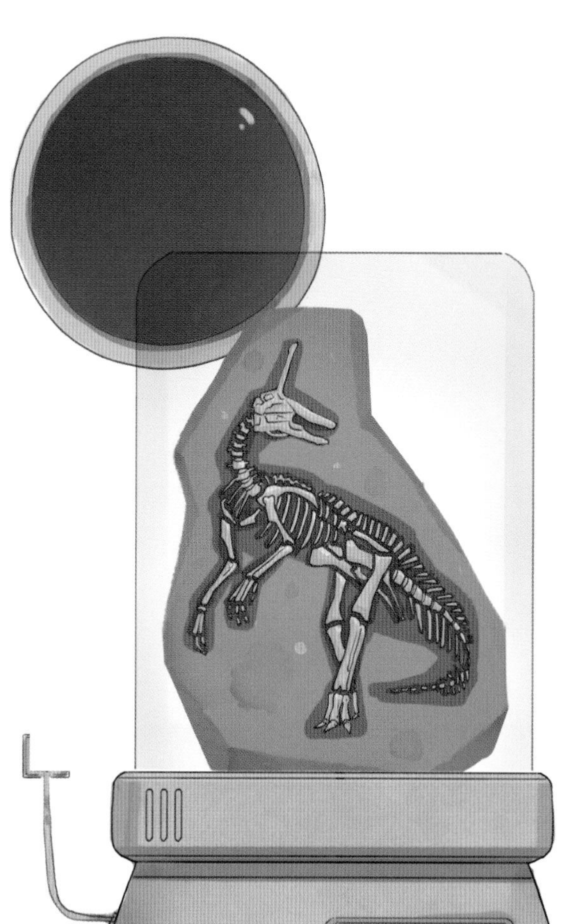

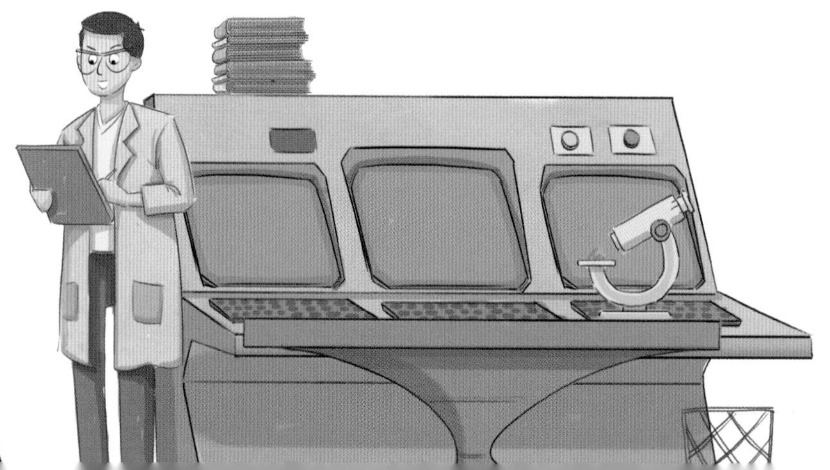

天生的“歌手”

青岛龙是中国发现的第一种头上长冠的鸭嘴龙。它最为奇特的是头顶鼻骨上有一根向上直立、稍微前倾的骨棒，长约 40 厘米。2020 年 3 月，科学家通过 CT 扫描（计算机断层扫描）和三维重建技术，对青岛龙的鼻骨内部结构重新进行了观察和研究。最新研究认为，青岛龙的鼻骨内部是实心的而非中空的，这根骨棒其实是一个完整的、中空的头冠破碎后，保存下来的后边缘。

科学家推测在青岛龙活着的时候，头顶的骨质棘突可能与上颌骨共同支撑着一个中空头冠，头冠向前上方伸展，不仅可以用于性别展示、物种识别，还可以辅助发声——既可以放大音量，也可以使发出的声音变得更低沉。

青岛龙与生俱来的天赋让它成了当时当之无愧的“唱歌之王”！对青岛龙头冠的研究还在继续，期待科学家以后能够发现更加精美的具有头冠的化石标本，结合先进的声音模拟技术，或许可以让我们欣赏到青岛龙的叫声。

植物也会“反咬”恐龙哟

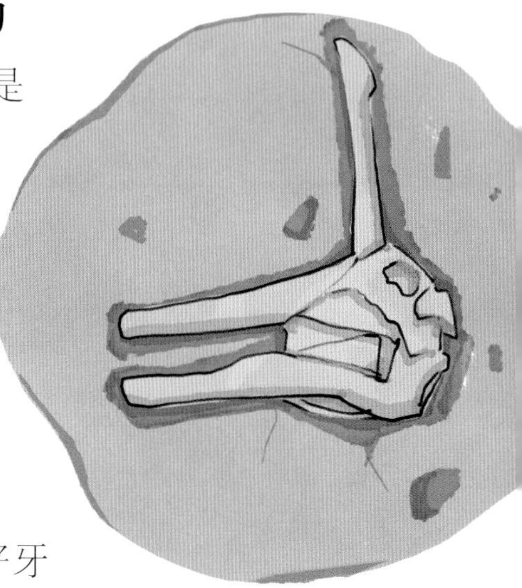

青岛龙虽然个子大，却是温顺的素食主义者。青岛龙的吻部最前端扁平且宽大，拥有角质喙。它的颌骨后部上下左右布满了牙齿。这些牙齿排列紧密，形成齿板，具有很强的咀嚼能力。科学家推测青岛龙可以选择的食物范围很广，如裸子植物枝叶、被子植物的种子及果实、软体动物和昆虫等。这一口好牙有1000多颗，真是吃啥啥香！

根据牛顿第三运动定律，物体受外力作用时必定会产生相同大小的反作用力——当恐龙咀嚼食物时，这些食物也在反过来磨损恐

龙的牙齿。有国外学者曾用显微镜观察鸭嘴龙的牙齿，通过牙齿磨损的严重程度推测它生前吃进去了不少植物和土中的矿物、硅质。可见鸭嘴龙是像牛、马一般低头寻觅食物，而不是抬起头来咀嚼嫩叶。

遇到危险就飙“海豚音”

青岛龙主要生活在气候温暖湿润的湖泊、沼泽地带。在如此优越的环境当中，自然也少不了肉食性恐龙的加入。对于青岛龙来说，最大的威胁便是体形巨大、满口尖牙的暴龙类恐龙——金刚口龙。一只金刚口龙可以轻松地杀死一只落单的青岛龙。为了安全，青岛龙通常会抱团行动，发现危险时用特有的“海豚音”来提醒同伴——科学家在山东省莱阳市金刚口村同一化石坑中至少发现了 5 具青岛龙化石，这显示了它们群居的习性。

青岛龙是我国改革开放之后多次出国展览的恐龙明星，成为中国与世界各国文化交流的恐龙大使。现在青岛龙作为“迎宾龙”，被永久地安放在了中国古动物馆的恐龙展池最靠近大门的位置，迎接大家的到来！

汝阳龙：巨龙中的“格列佛”

到底谁才称得上是世界上最大的恐龙呢？阿根廷龙、地震龙、中加马门溪龙等都是这一宝座的候选恐龙。但从已知的化石数据来看，这个宝座的真正主人是来自中国河南省的汝阳龙，它才是世界上迄今发现并确认的最大的恐龙。

电影《格列佛游记》有这样一幕——主人公格列佛在海上遭遇风暴，等他醒来之后却发现自己漂到了一座神秘的岛上，浑身动弹不得。他睁眼仔细一看，原来自己是被岛上的小矮人绑住了。在这些小矮人眼里,格列佛就是一个“巨无霸”。而说起地球上真实存在过的史前巨兽，高大的恐龙就是人类眼中的“格列佛”。

不吃肉竟也能长成大块头

汝阳龙属于泰坦巨龙类，曾被认为生活在白垩纪晚期，最新的研究认为它生活在白垩纪早期。曾有学者较为保守地估计其体长约 30 米，重 50 吨以上。而实际上它的一根股骨（大腿骨）长度就有 2.07 米，装架后的体长可达 38.1 米，脖子长 17 米，肩部高 6 米，头部高 14.5 米，体宽 3.3 米。真可谓是“世界第一龙”！

这就是我！汝阳龙！

汝阳龙跟其他长脖子恐龙一样，都是四足行走的素食主义者，以植物为食。利用自己得天独厚的身体优势，汝阳龙每顿都可以获得最“高端”的食材（树顶的嫩叶），吃到营养、美味的植物自助大餐。为何这种吃素的恐龙可以长得如此巨大？有研究人员推测，这些大型蜥脚类恐龙在进食时不咀嚼，直接将食物吞到胃里，通过吞咽胃石来帮助研磨消化食物，这样的进食方式可能正是它们长成庞然大物的原因。如果细嚼慢咽，它们进食的时间根本不够，也会吃不饱，这也是很多植食性恐龙拥有长长的脖子的原因。

能止血的龙骨

汝阳龙的现身，充满着偶然性与戏剧性，还差点被当作一个误会错过。在汝阳县，很多人都知道一个“医学常识”：要是谁的手被刀划了个口子，从一块石头上刮一些碎末涂在伤口上，很快就会止住血。村里人把这种神奇的石头叫“龙骨”。后来，村民们才知道，他们用来止血的龙骨竟是恐龙的骨骼化石。

2006年9月13日，河南省地质博物馆古生物研究室贾松海主任正在沙坪村的一个恐龙化石挖掘点忙碌，突然有个村民漫不经心地说了一句：“村西头的水沟那儿，也发现过龙骨。”贾松海让村民带他去水沟看看，发现在地里有个像化石的东西。工人们用钻机往下一钻，一个树干化石露了出来。这时，围观人群中有人笑说：“弄错了吧，这不就是个树干。”到底还要不要接着挖？出于直觉，贾松海认为还是应该接着挖。经过请示后，大家在将信将疑中又忙活了起来。挖掘工作是枯燥的，连着挖了大半天，就在大家准备放弃时，一个类似动物大腿骨的石头被挖掘出来。事后，恐龙专家董枝明对这块化石进行了鉴定，确定是大型蜥脚类恐龙的股骨化石。借着这个线索，人们开始了巨龙寻踪之旅。经过长达5年的挖掘，世界上最大的恐龙——汝阳龙赫然出世。

世界上成功装架的最大恐龙骨架

如果说恐龙妈妈给了汝阳龙第一次生命，那么当代的古生物学家等于给了它第二次生命。它像一位在地下沉睡1亿多年的“睡美人”，它的化石如一块块时间的信物，向人类描述那个磅礴与悲壮的时代。2014年12月至2015年4月，汝阳龙的骨架在北京自然博物馆门口展出，参观者纷纷赞叹。时任河南省地质博物馆馆长的蒲含勇自豪地说：“这个大块头活着的时候体重达130吨，相当于20头大象的重量。其最大的背椎椎体宽达61厘米，比之前发现的世界最大的恐龙——阿根廷龙的背椎椎体还要宽10多厘米。此次展出的复原骨架是目前世界上成功装架的最大的恐龙骨架。”

现在，汝阳龙的骨架巍然屹立于河南自然博物馆，仿佛在向观众们诉说着史前的辉煌。

山东龙：恐龙中的“山东大汉”

山东不但有“膏壤（gāo rǎng）千里”的美誉，而且名人辈出。中国古代著名的思想家、教育家，儒家学派创始人孔子就是山东曲阜人。其实，山东不只是先贤孔子的故乡，还是我国重要的恐龙化石产地。世界上个子最高的鸭嘴龙——山东龙就曾生活在这里。

鸭嘴龙类中的“大高个”

山东龙是一种两足或四足行走的大型鸭嘴龙类恐龙。它们头部平坦，没有冠饰，颌骨的前部没有牙齿。专家推测它们有一个角质喙，但你不要以为它们嘴里就没有牙。恰恰相反，它们有约 1500 颗牙齿，这么多牙齿是为了研磨植物而生。

山东龙生活在白垩纪晚期，其正型标本头长 1.63 米，体长 14.7 米，站立起来足足有 8 米高，比两层楼还高一点呢。2007 年，同地区又有一种鸭嘴龙被命名为诸城龙，化石材料包括头骨、部分四肢骨和脊椎骨等。诸城龙的体长可以达到 16.6 米，站立起来身高达 9.1 米，体形超过了山东龙。然而在 2011 年，研究者发现诸城龙和山东龙其实是同种动物，只是代表了不同的生长阶段。

目前世界上装架展出的最大的山东龙，体长为 18.7 米，站立高度达 11.3 米。你知道中国的篮球巨星姚明吗？他的身高是 2.26 米，这只装架展出的山东龙站立起来正好等于 5 个姚明叠加起来的身高！

“山外有山，龙外有龙”

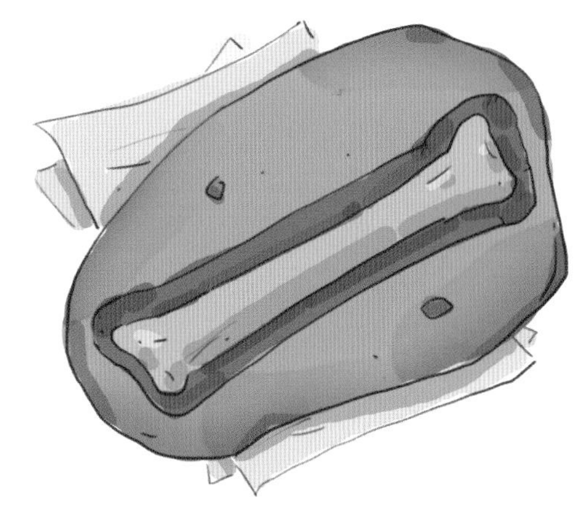

山东龙是世界上已知最大型的非蜥脚类植食性恐龙，其体形甚至超越了暴龙、棘龙等肉食性恐龙。山东龙最长的股骨（大腿骨）长 1.88 米，是世界上个子最高的鸭嘴龙类恐龙。

山东龙体形超过了肉食性恐龙，那是不是就不会有肉食性恐龙攻击它呢？在恐龙世界里，就算体形再大、个子再高，也还是会有“死对头”。山东龙的“死对头”就是著名的暴龙家族成员——诸城暴龙。为了抵抗诸城暴龙，山东龙通常会群居生活。

山东龙在国外还有亲戚呢！中国古生物学家根据目前的化石研究发现，它与北美洲的鸭嘴龙类恐龙——埃德蒙顿龙有许多共同特征，亲缘关系较近，两者可能形成一个演化支，包含着单一的共同祖先及其所有后裔。

2013 年，山东龙入选“中国百年十大最著名恐龙”。它的化石在中国地质博物馆、山东诸城恐龙博物馆、江苏常州中华恐龙园等单位展出。

这就是我！山东龙！

蜀龙：看谁的“流星锤”耍得好

缙云甲龙是耍“流星锤”的好手，马门溪龙也有尾锤，会耍“流星锤”的恐龙不止一种。蜀龙是中国发现的第一种带有尾锤的蜥脚类恐龙（1983年），它不仅有尾锤，在尾巴末端还长有棘刺。

恐龙兵器谱第一神器！

治水专家与恐龙

蜀龙，因分布地在四川而得名，目前只有一个种——李氏蜀龙。种名“李氏”是为了纪念战国时期水利工程专家李冰。他在担任蜀郡（今成都一带）太守期间治水，立下奇功，在岷江流域兴修了许多水利工程，其中以李冰父子一同主持修建的都江堰水利工程最为著名。几千年来，该工程为成都平原成为天府之国奠定坚实的基础。

一锤在身，天下我有

蜀龙为四足行走的蜥脚类恐龙，植食性，体长9.5米左右，重约3吨，生活在侏罗纪中期。

蜥脚类恐龙是地球上已知的最大的陆地动物。一提到蜥脚类恐龙，我们一定会联想到大名鼎鼎的马门溪龙，它们拥有修长的身躯和长长的脖子。但是蜀龙还没有演化到像马门溪龙那样巨大，蜀龙的脖子在蜥脚类恐龙中比较短，所以蜀龙无法吃到高处树木上的嫩叶，只能以低矮的灌木为食。

一般来说，蜥脚类恐龙的体形越大，天敌的数量就越少——个头越大，能吃它的敌人就越少。但蜀龙的个头不算大，怎么才能在残酷的大自然中保护好自己呢？这就要看一下蜀龙的秘密武器——“流星锤”。生长在蜀龙尾巴末端的骨质尾锤由几块膨大并愈合的尾椎骨构成，呈椭圆球状，尾锤上包着皮肉，看起来就和一个足球差不多大小。粗大的尾巴加上特制尾锤组成的“流星锤”，甩动起来，足以使一些肉食性动物望而生畏，甚至命丧锤下。

蜀地的“名门望族”

1977年，蜀龙的化石发现于四川省自贡市。侏罗纪时代的这里是恐龙的乐园，恐龙数量非常多。生活在这里的蜀龙并不寂寞，陪伴它们的有峨眉龙、华阳龙、气龙等，但从数量来看，蜀龙是占绝对优势的类群。在发现的恐龙化石中，蜀龙的化石数量占90%，说明蜀龙在当地可是个“名门望族”。

你可以在四川自贡恐龙博物馆、重庆自然博物馆一睹蜀龙的风采。

这就是我！
蜀龙！

树息龙：爬树小能手

树息龙属于擅攀鸟龙类，这类恐龙与鸟类的亲缘关系很近。世界上发现的第一种带有翼膜的奇翼龙属于擅攀鸟龙类，最早的拥有炫耀性羽毛的耀龙也属于擅攀鸟龙类。而树息龙与其他擅攀鸟龙类的主要区别是它具有一条较长的尾巴。

我的手指有点长，可不要被吓到！

在树上生活的恐龙

树息龙目前只有一个种——宁城树息龙，由中国古生物学家在 2002 年命名。有学者认为它是擅攀鸟龙的晚出同物异名，擅攀鸟龙也是在 2002 年被命名的。

树息龙与鸟类的亲缘关系很近，但自身又有一些奇怪的特征。它前肢很长，第三指的长度是第二指的两倍，通常肉食性恐龙的第二指是最长的。从功能上看，树息龙的第三指可能与指猴的 2 根更细长的手指类似。现在生活在非洲马达加斯加的指猴取食时常先用中指敲击树干，判断有无空洞，然后贴耳细听，如有虫响，则用门齿将树皮啃一个小洞，再用中指将虫抠出。

除此之外，树息龙的前爪、脚趾的次枚趾节（从末端计数的第二枚趾节）也比较长。通过以上特征，科学家推测树息龙是一种树栖恐龙。在树上生活可以躲避大型动物的追捕，这也是它属名“树息龙”的由来。

树息龙生活在侏罗纪中晚期，距今约1.6亿年，其化石发现于内蒙古自治区东南部的宁城县道虎沟村附近。树息龙的体长不足20厘米，但是古生物学家认为目前发现的化石是一个幼年个体，成年个体的体长并不确定。

谭氏龙：中国最早命名的鸭嘴龙类

鸭嘴龙名字的来源便是它那像鸭嘴的喙部——长长地伸出来，呈扁平状。我们知道鸭子是没有牙齿的，那鸭嘴龙有没有牙齿呢？

有牙还是没牙，这是个问题！

鸭嘴龙类的成员

鸭嘴龙类是生活在白垩纪晚期的大型陆生植食性鸟臀目恐龙，其化石分布广泛，除大洋洲外均有发现。鸭嘴龙科成员具有形态各异的头骨结构。因其头饰形态不同，鸭嘴龙科可分为栉龙亚科和赖氏龙亚科。栉龙亚科成员平头、无头冠或者具有实心的头冠，赖氏龙亚科成员则具有空心的头冠。

有牙不惊奇，有 1000 多颗牙才惊奇

1000 多颗牙，我看到明天也看不完！

一只成年的老鼠有 16 颗牙，一个成年人有 32 颗牙，而一只成年的鸭嘴龙有 1000 多颗牙。没错，鸭嘴龙不仅有牙齿，而且还是恐龙中牙齿最多的。别看它的嘴巴不是很大，里面

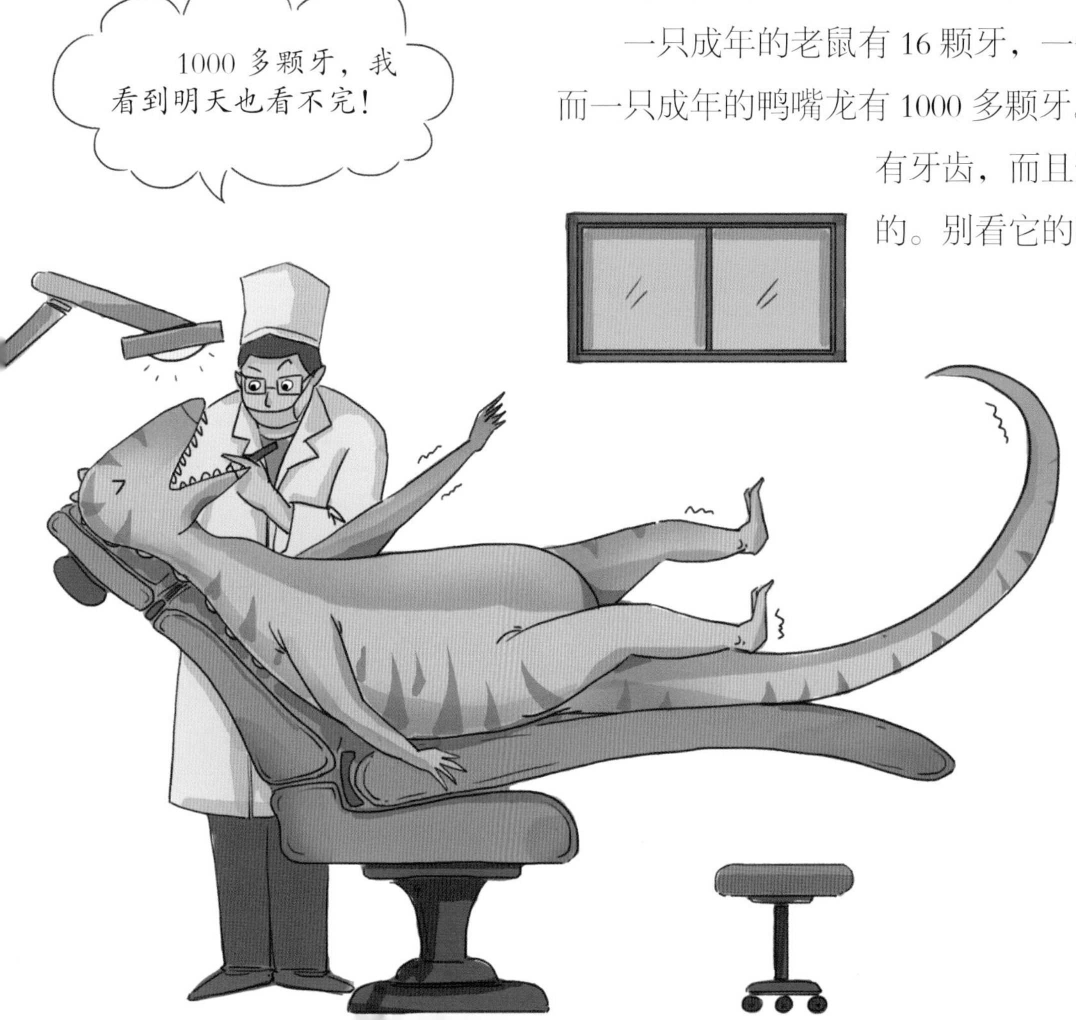

却紧密地排列着 1000 多颗牙齿。

这些牙齿很细小，呈菱形状，都是倾斜的。我们一般看不到它的所有牙齿，因为这些牙齿层层相叠，分成多排。当外面的牙齿被磨损掉以后，藏在里面的牙齿就会长出来。上下颌的牙齿交错相间，牙齿上有像搓衣板一样的纹路，嘴巴一张一合能够把食物很快切碎。数量惊人的牙齿是鸭嘴龙进食的有力工具。

中国最早命名的鸭嘴龙类恐龙

谭氏龙是鸭嘴龙类中的一员，植食性，两足或四足行走，体长约 7 米，重约 2 吨，生活在白垩纪晚期，有中国谭氏龙（模式种）和金刚口谭氏龙两个种，均发现于山东。

1923 年，中国地质学家谭锡畴在山东莱阳将军顶村的红色黏土地层中采集到了一具平头形鸭嘴龙类恐龙的不完整骨架化石，化石包括头骨的后部、脊椎骨及四肢骨。1929 年，瑞典学者维曼研究后认为，这是一种新型的鸭嘴龙。为纪念标本的采集者，维曼将它命名为中国谭氏龙，化石现保存在瑞典乌普萨拉大学，这也是中国最早命名的鸭嘴龙类恐龙。

山东莱阳被称为“恐龙之乡”，也被称为“中国的白垩纪公园”。这里除了有谭氏龙，还有青岛龙、莱阳龙、山东龙等多种鸭嘴龙类恐龙，显然这里是鸭嘴龙类曾经繁盛的地方。

这就是我！谭氏龙！

特暴龙：欧亚大陆的暴龙明星

中国至今为止没有发现过霸王龙的化石，说明霸王龙也许并没有到访过中国，但是霸王龙的祖先——那些更原始的暴龙类在中国生活过，比如五彩冠龙。北美洲的暴龙类在7000万年前演化出了霸王龙，而同一时期，亚洲的暴龙类演化出了特暴龙。

惊人的咬合力

特暴龙，学名意为“令人惊恐的蜥蜴”。特暴龙这个名字翻译得挺好，因为它正好也接近拉丁学名的音译，而且一听这个名字，就知道它不是个“善茬儿”。特暴龙属于暴龙科、特暴龙属，属下只有一个种——勇士特暴龙。特暴龙两足行走，肉食性，牙齿咬合力非常强劲。

当特暴龙遇上霸王龙

特暴龙作为亚洲的暴龙明星，自然免不了和北美洲的霸王龙比较一番。特暴龙体长10~12米，略小于霸王龙。霸王龙体长可达14米，是世界上第二大的肉食性恐龙。最大的肉食性恐龙是棘龙，体长可达17米。

暴龙类恐龙的前肢都很短，我们经常嘲笑霸王龙的“小短手”，但在特暴龙面前，霸王龙的前肢其实还算长的，特暴龙的前肢是暴龙类恐龙中最短的。从外形上看，特暴龙和其他暴

龙类恐龙没有太多明显的区别，一般人也不容易分辨哪个是霸王龙，哪个是特暴龙。其实特暴龙最大的特点是它特殊的头部结构。2003 年，科学家首次发现特暴龙具有一种特殊的颌关节结构（方骨上有一条棱），这与其他暴龙类恐龙有显著的差异，如此特殊的结构使特暴龙在捕猎时拥有更为强劲的咬合能力。科学家推测，拥有这样的颌关节结构是为了更好地捕食大型动物，特暴龙一般以十几米长的大型蜥脚类恐龙为食，基本不会捕食小型动物。而北美洲的霸王龙，它身边没有大型蜥脚类恐龙，自然也就不需要这样的结构。

大部分暴龙类恐龙的眼睛朝前，因此具有一定程度的立体视觉，但特暴龙的颅骨狭窄，眼睛朝向两侧，这些特征显示特暴龙更依靠嗅觉与听觉，而非视觉。特暴龙的颈部呈“S”状弯曲，其余的脊柱（包含尾巴）与地面保持着水平的姿态。

特暴龙的化石收藏于中国科学院古脊椎动物与古人类研究所、俄罗斯科学院古生物研究所等单位。

沱江龙：身背“空调”的恐龙

如果中国恐龙有同乡会的话，那么四川自贡的同乡会肯定是最热闹的那一个。在自贡恐龙同乡会中有一位特别的成员——沱江龙，它是亚洲有史以来发掘到的第一只完整剑龙类恐龙。

剑棘最多的中国恐龙

1974 年，科学家在自贡市伍家坝发现了一个埋藏丰富的恐龙化石群，经过 3 个月的挖掘工作，仅化石采集就打包了 100 多个大箱子。经过中国科学院古脊椎动物与古人类研究所和重庆市博物馆的专家进一步研究，这一批化石命名了 4 个属的 4 种恐龙。

沱江是长江的支流，穿过自贡地区，沱江龙也因此而得名。沱江龙生活在侏罗纪晚期。它体长 6.5 米，高 2 米，据估计体重可达 2.8 吨，只有一个种——多棘沱江龙。

沱江龙的骨板有板状和棘状两种形态，从脖子开始，向背脊、尾部延伸，两侧成对排列，一共 17 对，这可是剑棘最多的中国恐龙！从脖子上又小又薄、形状像小桃心的骨板，到背部呈等腰三角形的对称剑板，再到尾部两对大而重的棘状尾刺，和大家熟知的来自北美洲的剑龙一样，沱江龙看上去俨然也是一位全身披着“铠甲”的“剑客”形象。

猪八戒吃人参果

我们早已知道剑龙类恐龙都是植食性的友好型选手。它们并不好斗，常常会在灌木丛中穿行，寻找蕨类和苏铁作为食物。沱江龙也是如此，但是它嘴的前半部分并没有牙齿，仅在后半部分有一些小且脆弱的颊齿，无法充分地咀嚼一些比较坚硬的食物。所以科学家推测，当它吃植物时，只是象征性地用牙齿稍微磨一下，然后就囫囵吞枣地吞进肚子里，真正帮助它将食物碾碎的是胃石。

自带“空调机箱”

沱江龙一生中的大部分时间都花在了寻找食物、进食和消化食物上面，那么它身上这么多剑棘到底有什么作用呢？最简单的猜测自然是作为自我防卫的装置。为了逃脱那些凶猛的肉食性恐龙的追杀，沱江龙才长出了这么多让人望而却步的剑棘。但就和冠龙的头冠一样，沱江龙的大多数剑板并不那么结实，内部有很多孔隙，不能真正起到防身的作用。难道又只是为了装饰吗？其实并不然，科学家根据最新的研究提出了一种观点——剑板是它们用来调节体温的装置，而

剑板内的许多细小孔道，可能就是血管通过的地方。沱江龙通过控制流经剑板的血液量来散热或吸热，以此调节身体温度，原来这是“空调机箱”呀！

嘿，别站在我的后面

对于许多四足行走、行动缓慢又不太聪明的植食性恐龙来说，尾巴可是个好东西！和甲龙的尾锤一样，在沱江龙短而强健的尾巴末端，有两对向上扬起的利刺。这成对的利刺显然是所有剑龙类恐龙御敌的主要武器，沱江龙可以用它们猛击来犯之敌！

在中国古动物馆门前，摆放了一座沱江龙的原尺寸复原雕塑。每当路人经过，都会不由自主地停下脚步和它合影。而这只沱江龙也成了来自四川自贡的恐龙大使。

皖南龙：“铁头功”哪家强

恐龙生气了咋办？撞墙呗！但撞墙前，要先练好“铁头功”。那么问题来了，“铁头功”哪家强？恐龙们的回答是——肿头龙！

电影里的“穿帮”镜头

电影《侏罗纪世界 2》中有一只憨憨的恐龙——冥河龙！它仿佛练了铁头功，当男主角受困，冥河龙化身“独胆英雄”，用铁头直接将墙壁撞出一个大窟窿，自己则晕得原地转圈圈。观众无不被它的样子逗乐。

冥河龙属于肿头龙类，最大特点就是头部长有坚硬的半圆形顶骨，仿佛戴着头盔一样，其周围还布满了尖刺状的角。电影中的冥河龙把墙撞出一个窟窿，其实是导演的美好愿景罢了，这在现实中基本上是不可能发生的。另外，目前肿头龙类大都生活在白垩纪晚期，可不是侏罗纪。

外形高调，个性低调

安徽省，简称“皖”。安徽省黄山市徽州区岩寺镇，素有“黄山南大门”之称。1977 年，人们在这里发现了中国第一种肿头龙类恐龙，就是模式种——岩寺皖南龙，由中国古生物学家侯连海命名。这件正型标本是一个不完整个体，包括头盖骨、完整的左下颌以及部分头后骨骼。

皖南龙是原始的肿头龙类，头顶肿厚且平，其上有不规则排列的小而低的瘤状结节。雄性皖南龙撞墙不行，但是争夺首领地位，获取雌性恐龙的青睐，可就得依靠“铁头”了。皖南龙被认为是群居动物。一群皖南龙中，年轻的雄性个体相互碰撞，胜者将成为群落中的“王者”。这看起来与鹿群的情况有不少相似之处。

2009 年，科学家对皖南龙再分析，认为它是平头型的肿头龙类，也就是说它没有圆形的头顶。看来皖南龙不太张扬，属于低调的肿头龙类。还有科学家认为它是一个未成年个体，只是个恐龙宝宝，等恐龙宝宝长大了，说不定头骨就不是平的了。但具体是怎样，还要寻找更多的科学证据。

过去肿头龙类曾被认为与剑龙、甲龙、角龙和鸟脚类有较近的亲缘关系，直到 20 世纪 80 年代，肿头龙类才被认为是角龙类的姐妹群。目前这一观点已经被广泛接受，于是最新的皖南龙复原图甚至和角龙类的鹦鹉嘴龙一样，被加上了带刚毛的尾巴。

小盗龙：恐龙就在我们头上飞

究竟是先有羽毛还是先有鸟？

自人类诞生以来，一直都梦想着能像鸟儿一样飞翔。现代鸟类经过亿万年的演化，逐渐获得了完善的飞行技能和天然的导航能力。尽管每种鸟都有各自的飞行技巧，但它们都离不开翅膀和羽毛。

多项“第一”傍身

鸟类的翅膀究竟从何而来？又是如何演化的？“黑羽精灵”——小盗龙为我们揭晓答案！小盗龙名字的意思是“小盗贼”，源自很小的体形和掠食的习性。小盗龙的化石发现于辽宁省。截至目前，小盗龙共有 3 个种，分别是：赵氏小盗龙（模式种）、顾氏小盗龙和汉卿小盗龙，均生活在白垩纪早期。其体长为 0.45~1.2 米（包括尾巴在内），体重 1 千克左右。

截至目前，小盗龙不仅是中国最会飞的恐龙，同时也是世界上被发现的第一种会飞的恐龙以及第一种长了四个翅膀的恐龙。小盗龙还是世界上较早知道体表真实颜色的恐龙。2012 年，中美科学家经过合作，成功复原了小盗龙的颜色。研究显示，小盗龙羽毛的颜色是黑色，在阳光的照射下，还会散发出彩虹般的光泽。科学家推测这种体色具有展示作用，可用于吸引异性。

“四翼”变“双翼”

小盗龙的前肢、后肢和尾部都长有不对称飞羽，具有主动飞行能力。其飞行方式与 1903 年美国莱特兄弟发明的人类第一架主动力飞行的双翼飞机很相似，都是具有四个翅膀（双翼飞机单侧有上下两翼，左右两边加在一起也是“四

翼”)。科学家曾做过风洞实验，发现当小盗龙的前后翅膀上下叠置的时候，飞行得最好。而现代的鸟类和飞机都采取了双翼为主的飞行方式。没想到恐龙与人类在早期飞行实验中，都有一个“四翼”的过渡阶段，而且最终也都不约而同地选择了“双翼”。小盗龙为小型恐龙向鸟的进化提供了重要证据。经过千万年的演化，带羽毛的恐龙逐渐具备了真正飞向蓝天的能力。

小盗龙的尾巴又细又长，就像一条长鞭子，尾巴末端还有两根长的翎羽（长而硬的羽毛）。它的手指很长，而且每根手指的末端都长有弯曲的大爪子，所以它是一个爬树小能手！

见啥吃啥

小盗龙虽然个子不大，却是典型的肉食性恐龙，而且是遇到什么就吃什么。在小盗龙的胃里曾发现过鸟、鱼、蜥蜴和哺乳动物的残骸。

小盗龙不同种的化石分别收藏于中国科学院古脊椎动物与古人类研究所、东北大学等单位，其骨骼化石在中国古动物馆、北京自然博物馆、辽宁古生物博物馆等国内多家博物馆展出。

耀龙：恐龙中的“万人迷”

耀龙天生一副高颜值，在亿万年前的恐龙王国中，无论走到哪儿，都是万众瞩目的恐龙。这条“小神龙”拥有世界上已知最早的炫耀性羽毛——四根带状的漂亮尾羽，其作用可能主要用来向异性炫耀。

今有“鸽子蛋大钻戒”，古有“鸽子小恐龙”

耀龙化石于2006年在内蒙古宁城县被发现，化石的完整度达到了90%。耀龙目前只有一个种——胡氏耀龙。种名“胡氏”是为了纪念我国古哺乳动物学者胡耀明先生，属名“耀龙”意为炫耀羽毛的恐龙。

耀龙身长约25厘米，若包括尾羽，则身长约为44厘米，接近鸽子大小，体重约164克。耀龙两足行走，前肢长于后肢，全身披有羽毛。由于缺乏飞羽，它无法像小盗龙一样飞行，科学家推测它同近亲奇翼龙一样，能用翼膜滑翔。

耀龙的研究者之一——中国科学院古脊椎动物与古人类研究所研究员张福成曾说：“尽管它看上去像鸟，但我们通过与其他许多恐龙和鸟类的363个特征进行分析、比对，发现这种恐龙是与鸟类亲缘关系比较近的恐龙之一。”因此它的发现对揭示恐龙向鸟类演化的过程，具有十分重要的学术价值。

小心中了“美龙计”

一般情况下，雄性的鸟类会披有华丽的羽毛，在外观上比雌性更夺人眼球。比如：雄性孔雀的漂亮长尾羽可以用来吸引雌性孔雀。但现实情况并非如此简单，鸟类中也有少数雌性长得比雄性更艳丽，比如雌性彩鹬（yù）比雄性彩鹬的羽毛更艳丽。所以，耀龙的长尾羽并不能说明它是雄性还是雌性，只能说明在侏罗纪晚期，耀龙就已经具有雌雄分化的特征了。

不过千万不要被耀龙的华丽外表所迷惑，它的上下颌前部有牙齿，而且还是“龅牙”，这表明它很可能是从林中追猎小动物的“隐蔽杀手”。

在遥远的恐龙时代，耀龙和它身上美丽的尾羽就是独一无二的存在。它们的后代——鸟类继续彰显着带羽恐龙的传奇色彩，把现在的世界点缀得五彩斑斓。

如今，精美的耀龙化石在中国古动物馆展出，这只七彩“小神龙”继续向人们“讲述”着自己的别样传奇。

这就是我！
耀龙！

隐龙：角龙之祖藏西域

千万不要以为头上有角的恐龙才能叫作角龙，角龙家族还有另外一批成员是没有角的，比如鹦鹉嘴龙和隐龙。

你确定它是三角龙的祖先吗？

角龙家族

角龙类恐龙是一个大家族，包括秀角龙、弱角龙、古角龙、开角龙、三角龙等许多成员，其中以三角龙最为出名。三角龙生活在白垩纪晚期，化石只见于北美洲。它们身上演化出的尖角和用于保护头颈部的长颈盾被认为是一种非常成功的进化范例。但是三角龙的起源一直是个谜，它们的祖先是否生来就拥有这样的武器呢？

卧虎藏“龙”

隐龙，属于角龙类隐龙属，只有一个种，名为当氏隐龙。隐龙体长约1.2米，重约15千克，生活在侏罗纪晚期。隐龙化石2004年发现于新疆五彩湾，和最古老的暴龙类代表——五彩冠龙发现于同一地层中。

神秘的五彩湾

早在亿万年前的侏罗纪，五彩湾这里沉积着很厚的煤层，历经风蚀雨剥，煤层表面的沙、石被冲蚀殆尽，又经曝晒及雷击起火，煤层燃尽后，烧结岩堆积，加上各地质时期矿物质含量不同，这连绵的山丘便呈现以赭红色为主，夹杂着黄、白、黑、绿等多种色彩，因而得名“五彩湾”。经风吹、日晒、雨淋，又呈雅丹地貌，远远望去，状如城郭、古堡，充满神秘感。

角龙家族的“通行证”竟然不是角

隐龙比最古老的角龙类出现在地球上的时间早了 2000 万年，属于最原始的角龙类恐龙。这也证明了角龙类恐龙起源于中国。与其他进步的角龙类恐龙不同，隐龙的头骨上没有角，头骨后部几乎没有颈盾，头骨深而宽，但上颌前端具有一个所有角龙类都有的吻骨。这么看来，角龙类恐龙的特点不在于头上的角，而在于它们都具有一张类似鹦鹉的带钩的嘴。

隐龙前肢短而纤细，后肢长而强壮，科学家推测它主要两足行走，这一姿态与鹦鹉嘴龙相似，但与更为进步的角龙类大不相同。已发现的隐龙化石的腹腔保存了 7 颗胃石。胃石可协助研磨难以消化的植物纤维，这被认为是植食性的特征。

隐龙的化石现收藏于中国科学院古脊椎动物与古人类研究所。

这就是我！隐龙！

鹦鹉嘴龙：恐龙中的“大家族”

截至 2020 年底，中国仅根据骨骼化石命名的恐龙就达到了 330 多种，而鹦鹉嘴龙则是种数最多的恐龙，也就是说，鹦鹉嘴龙的家族成员是恐龙中最多的！

丰富的化石记录

鹦鹉嘴龙是一种大小类似瞪羚的两足、植食性恐龙，生活在白垩纪早期，特征是上颌高，具有喙状嘴。在分类上，鹦鹉嘴龙属于鸟臀目、角龙亚目、鹦鹉嘴龙科、鹦鹉嘴龙属。在这个属的下面，曾经命名了 10 多个不同的种，是一个名副其实的“大家族”。不同种的鹦鹉嘴龙有不同的体形以及不同的骨骼特征，但大体上都拥有一样的身体结构。

鹦鹉嘴龙有大量的化石记录，目前所有化石都发现于亚洲白垩纪早期的河湖相沉积层中，从西伯利亚南部到中国北部，还有疑似标本发现于泰国和老挝。因此鹦鹉嘴龙也成为亚洲白垩纪早期沉积层中的标准化石。

在辽宁省义县组地层中，发现有一件保存极好的鹦鹉嘴龙群体化石标本。这件化石标本包含了一只成年

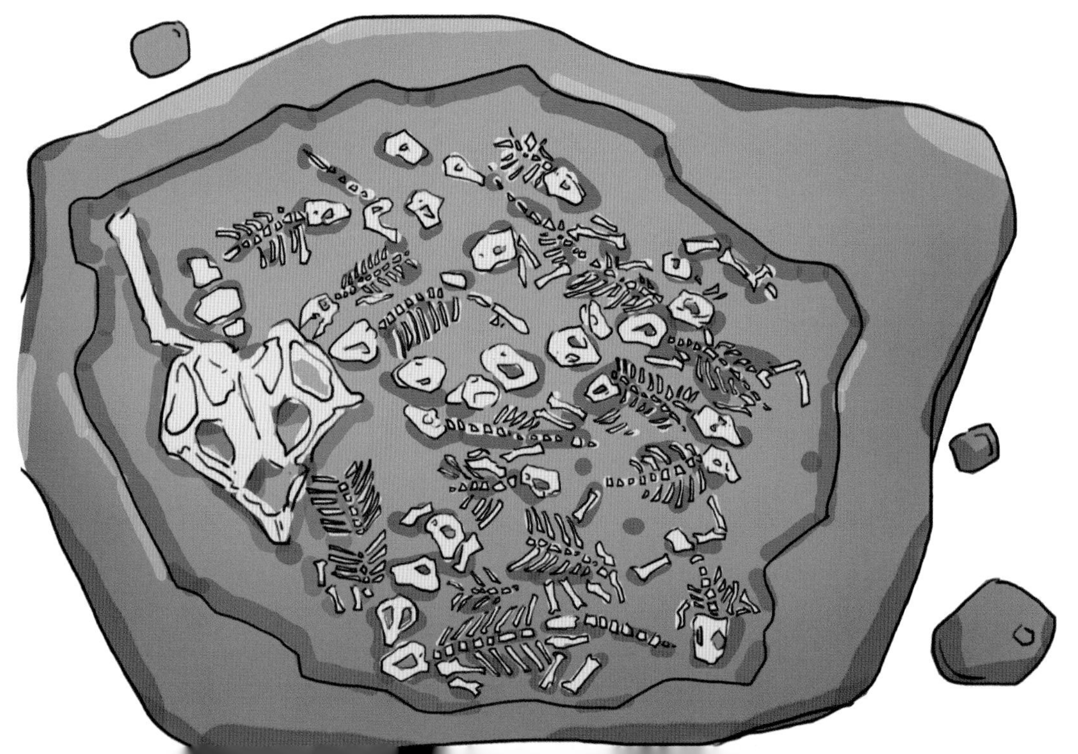

鹦鹉嘴龙（没有归入任何一种）和34只天然状态的未成年鹦鹉嘴龙骨骸。这些未成年鹦鹉嘴龙有三种尺寸，说明是不同年龄段的群居个体，这也为恐龙的亲代抚育行为提供了最佳的证据。

牙齿长在嘴巴后部

鹦鹉嘴龙嘴巴的前部呈喙状，里面没有牙齿。科学家推测它们在活着的时候，长了一个类似于鹦鹉的角质喙，但在嘴巴的后部，拥有锐利的牙齿，可用来切碎坚硬的植物。然而，不像晚期的角龙类，鹦鹉嘴龙并没有适合咀嚼或磨碎植物的牙齿，它们需要吞食胃石来协助磨碎消化系统中的食物，所以经常会在鹦鹉嘴龙的腹部发现小石子，有时超过50颗。这些胃石可能储藏于砂囊中，如同现代鸟类。

鹦鹉嘴龙的标本在中国古动物馆、北京自然博物馆、辽宁古生物博物馆、大连自然博物馆等博物馆都有展出。

这就是我！
鹦鹉嘴龙！

永川龙：佚罗纪的王牌“猎物收割机”

《侏罗纪公园》系列电影里的主角霸王龙特别深入人心，但若你是一个合格的恐龙迷就一定知道，霸王龙这种顶级掠食者直到白垩纪时期才出现，所以在侏罗纪公园里，可是连一个霸王龙的蛋都找不着的，更别期待它能“王者降临”了。那么谁才是侏罗纪世界的真正统治者呢？

暴雨后的惊喜

如果侏罗纪公园开放了中国区的话，那么在其中稳坐王位的，一定是它——永川龙。生活在侏罗纪中期的永川龙是当时最大的兽脚类恐龙，其中最大的个体光头骨就能达到 1.1 米长，体长则达到了 10.8 米，重量可达 3.4 吨，可谓是当之无愧的王牌“猎物收割机”。

早在 1915 年，美国地质学家劳德伯克就曾在四川盆地荣县的公路旁发现过被认为属于某种早期巨型肉食性恐龙的牙齿和腿骨化石，首次证明了在 1 亿多年前的这片土地上，的确存在某种顶级掠食者的踪迹。在那之后，通过古生物学家的不懈努力，又在我国各地陆续发现了 12 种不同属的肉食性恐龙，比如古似鸟龙、四川龙、中国龙等；但它们要么只有残破的牙齿和一些骨骼碎片，要么体形不够大，仿佛还不足以成为那个食物链顶端的王者。

直到 1977 年 6 月的一场暴雨过后，这个来自中国称霸侏罗纪世界的最强者才终于“崭露头角”！而它的发现地，又回到了著名的恐龙窝——四川盆地。就在当时的四川省永川县（现重庆市永川区）的上游水库重建工程的工地，人们意外地在属于侏罗纪的紫红色砂质泥岩中发现了一件保存得异常完好的肉食性恐龙化石。除了前肢和部分尾后椎骨缺失外，它就那样静静地昂首翘尾侧躺在地层中。这便是后来被命名为永川龙的模式种——上游永川龙，也是我国发掘出的第一件完整的大型肉食性恐龙化石！它的头骨精美程度和保留之完整，更是震惊整个古生物界！要知道，这可是恐龙化石里最难保留下来的部分，更别说如此珍贵的大型肉食性恐龙了。

大块头也能很灵活

永川龙头骨呈三角形，上面有骨质的脊冠和各种装饰物，非常巨大却不笨重，这主要得益于脑袋两侧的六对大孔减轻了重量。这六对大孔中有一对便是永川龙极度发育的眼孔。这表明这位侏罗纪霸主不但咬合力惊人，而且有着极佳的视力，能够迅速准确地判断猎物的实时位置。

相比于霸王龙的笨重，永川龙极为灵活。别看它前肢短小，它的后肢非常强壮有力，善于在丛林中奔跑，再配合相比身躯显得尤其长的尾巴来保持平衡，只要被它盯上，便很难再有逃脱的机会！

恐龙“老饕（tāo）”

侏罗纪时期的四川盆地水系发达，湖泊、沼泽密布，非常适合蕨类植物和裸子植物生长，是植食性恐龙的天堂，马门溪龙、峨眉龙、沱江龙都栖息于此。但就像非洲草原上一方面繁衍着斑马、羚羊，另一方面也生活着各种食肉动物一样，丰盛的食物来源自然也使得侏罗纪时期的四川盆地成为食肉恐龙的天然狩猎场。只不过比起同时代的另外两种肉食性恐龙——犍为乐山龙和甘氏四川龙，永川龙才是这片土地上的绝对统治者，恐龙时代的“雄狮”。

但相比雄狮，永川龙更加凶猛好斗。我们很少看见狮子攻击大象，但即使遇上马门溪龙这样的庞然大物或长着无数剑棘的沱江龙，永川龙也毫不示弱，任何移动的活物都是永川龙潜在的食物！这只“四川龙”除了火锅，什么都吃！

羽王龙：世界上最大的带羽毛恐龙

东北的冬天很冷，最冷时能达到零下 40 多摄氏度。如果 1 亿年前的东北就这么冷，生活在这里的恐龙会不会像冰河时期的披毛犀、猛犸象一样长了一身毛？

恐龙也要穿“羽绒服”。

保暖的羽毛

2012 年，中国古生物学家研究命名了一种来自东北辽宁的恐龙——羽王龙。化石上发现了显著的丝状羽毛印痕，类似刚孵化的小鸡的绒毛，其颈部羽毛长 20 厘米，上臂羽毛长 16 厘米。

研究人员推测，恐龙生前的丝状长羽毛几乎覆盖全身，主要用于保暖。研究发现，其实羽王龙生活地的平均温度并没有现在这么低，甚至还没有达到零下，但可能会有季节性的寒冷气候。羽王龙也成为目前已知暴龙类恐龙中最大的带羽毛成员。

不能伸到嘴外的舌头

羽王龙生活在白垩纪早期，是一种两足行走的肉食性恐龙。羽王龙目前只有一个种——华丽羽王龙，也译为华丽羽暴龙，因拥有华丽的羽毛且属于暴龙类而得名。

羽王龙头骨长 0.91 米，它的吻部上方有一个中央骨质脊冠，舌部骨骼简单，说明它可能像鳄鱼一样，有一个扁平、固定的舌头，舌头并不能伸到嘴的外面。它的身躯纤细，前肢长度中等，有 3 根手指，后肢和尾巴较长；体长能达到 9 米，重约 1.4 吨，是热河生物群中体形第二大的兽脚类恐龙，仅次于喀左中国暴龙。羽王龙的前肢有 3 根手指，这可是原始暴龙类的特征！像北美洲的霸王龙、中国的特暴龙等都是比较进步的暴龙类恐龙，它们的特征是头上脊冠消失，前肢也退化成只有 2 根手指。

有故事的三龙行

羽王龙已知的三件化石被发现埋藏在一起：一件是成年个体，另外两件分别是亚成年个体和未成年个体，保存状态接近完整。据此，科学家推测羽王龙可能具有集体狩猎的习性。

由于发现的三件化石标本属于不同年龄阶段，可据此来分析它们的个体发育情况：当羽王龙逐渐长大，前肢、小腿、脚掌、肠骨与身体的比例会逐渐缩小；而头颅骨会变得粗壮、上下距离变长。

羽王龙的化石收藏于山东诸城恐龙博物馆和内蒙古二连浩特市恐龙博物馆。

云冈龙：佛祖呵护的“神龙”

素食主义

可不妨碍我成为美食家！

顺着历史的河流回望，山西大同除了有佛灯的闪烁，还有中国恐龙——云冈龙亿万年的陪伴。

恐龙怕冷吗

云冈石窟位于山西省大同市，与甘肃敦煌莫高窟、河南洛阳龙门石窟并称为“中国三大石窟”，是当之无愧的中国瑰宝。

云冈龙是用佛教石窟命名的恐龙，目前只有一个种——大同云冈龙。属名“云冈龙”源自云冈石窟，种名“大同”则表示化石发现地在大同市。云冈龙属于鸭嘴龙类，发现的化石包括部分头骨、两块颈椎骨、两块尾椎骨等。其体长约 11 米，高约 4.5 米，头上无头冠。

鸭嘴龙类从白垩纪早期出现，到白垩纪晚期达到鼎盛，这个时期鸭嘴龙类的地理分布几乎遍布世界，除了亚洲、欧洲、南美洲、北美洲和非洲外，在极地地区也有发现。

问题来了，难道恐龙不怕冷吗？原来在中生代以前，也就是恐龙生活的时代之前，地球的大陆曾经是一片巨大的陆地，科学家称之为泛大陆或联合古陆。中生代，大陆开始分裂并漂移，直到白垩纪晚期才逐渐到达现在的位置。所以不是恐龙不怕冷，而是现在的极地地区在当时还处于地球的低纬度区域，因此气候没有现在这么冷。

躺在华夏文化的摇篮里

山西省的脊椎动物化石十分丰富。1956年，中国科学院古脊椎动物与古人类研究所的王择义在山西省大同市左云县发现了第一件恐龙化石，随后又发现了许多不完整的化石。

1958年，杨钟健先生发表文章指出，左云县有兽脚类、蜥脚类、角龙类和鸭嘴龙类等多种恐龙化石。

2011年，山西地质博物馆筹建，同时开始大规模发掘，发现了大量鸭嘴龙类、角龙类、甲龙类和蜥脚类等恐龙化石。这其中包括两个鸭嘴龙类新属种——大同云冈龙、黄氏左云龙。它们生存的时代是晚白垩世早期，这一时期恰是全球范围内恐龙化石非常少的一个时期。

2013年，国际专业期刊发表了一份研究报告，指出云冈龙的发现将有助于阐明鸭嘴龙类的起源和演化。

云冈龙和北美洲的原鸭嘴龙、始赖氏龙关系密切。北美洲最早的鸭嘴龙类很可能是由云冈龙这类恐龙迁徙过去并演化而成。

你如果想一睹云冈龙的风采，那就去山西地质博物馆吧。

这就是我！
云冈龙！

中国角龙：长角的中国脸

中国角龙是头最大的中国恐龙，在国际上也有很高的知名度。电影《侏罗纪世界 2》中，中国角龙作为中国恐龙的代表，首次出现在"侏罗纪"系列电影中。

中国最大的角龙类恐龙

中国角龙，学名的意思是"来自中国的长（zhǎng）角的脸"。中国角龙目前只有一个种，名为诸城中国角龙，因发现地在山东省诸城市而得名。中国角龙生活在白垩纪晚期，体长约 6 米，高约 2 米，重约 2 吨。虽然这个身材在恐龙中不算个头大的，但在角龙家族中已经是大家伙了。大型角龙类恐龙大多见于北美洲，所以在中国，如此体形的中国角龙自然可以称霸一方，获得"中国最大角龙类恐龙"的称号。

谁说亚洲没有大型角龙

2008 年，古生物学家在诸城龙都街道臧家庄村发现了一块不完整的头骨化石，后续发掘中又发现了两块化石。经过研究，这三块化石同属于大型角龙类的头骨，这一发现让古生物学家喜出望外。在新疆发现的角龙类的祖先隐龙，证明了角龙类恐龙起源于中国，但进步的大型角龙类恐龙化石过去只见于北美洲，而诸城发现的大型角龙类化石，否定了恐龙学界关于亚洲没有大型角龙的猜测。

2010 年，古生物学家将这种大型角龙类恐龙命名为中国角龙。它的发现动摇了角龙科恐龙分类学和演化关系，对于研究白垩纪恐龙迁徙的规律，具有十分重要的科研价值。

中国角龙的法宝不是角

中国角龙不同于著名的三角龙，它的眼睛上方没有三角龙那种眉角，也不像三角龙有三只角，它只有一只短而弯的中央鼻角，所以尖角并不是它的特点，拥有一个边缘带尖刺的特大号颈盾才是它的法宝！

颈盾是由头骨后部骨骼向后延伸扩大而形成的带孔骨板，主要功能是保护它们的脖子。由于颈盾是头骨的一部分，自然给头骨的长度加分不少，因此中国角龙的头骨整体长度可达 1.8 米，是中国所有恐龙里面头骨最长的。

在山东,中国角龙可以与山东龙、诸城角龙等其他植食性恐龙和平相处,但也有诸城暴龙这样的天敌存在。中国角龙化石收藏于山东诸城恐龙博物馆，想领略中国角龙风采的你一定不要错过。

中国龙：两亿年前的龙图腾

中国文化中的龙、西方文化中的龙，还有恐龙，虽然都叫“龙”，但含义完全不同，差之毫厘，谬以千里。

正义与邪恶

中国传统文化中的龙是结合蛇身、猪头、鹿角、牛耳、羊须、鹰爪、鱼鳞等动物的形象，创造出来的神话动物。它庄严威仪，上可腾云驾雾，无翅而飞；下可翻江倒海，兴风作雨。中国的龙常常是尊贵和力量的象征。古人认为皇帝是天的儿子，是龙的化身，故称其为“真龙天子”。龙是美好和正义的代表，是中国人心中的图腾，中国人也自称“龙的传人”。

与之相对，西方文化中的龙却是非常邪恶的生物，它长着一对好似蝙蝠的翅膀，性情暴戾。这是由于东西方历史和文化的差异导致对龙的认识不同，也可以说东西方文化中的龙是完全不同的动物。

科学中的“龙”

现代科学兴起后，出现了一种远古的“龙”，这就是恐龙。1842 年，英国博物学家欧文正式创造了恐龙一词。

恐龙的英文“dinosaur”的意思是“恐怖的蜥蜴”。中文的恐龙一词，源自日本的“恐竜”,是著名翻译家章鸿钊翻译的。

名字就叫中国龙

中国龙不是传统意义上的“中国龙”，而是一类在中国发现的恐龙，它的属名就叫“中国龙”。它属于早期新兽脚类，是中国恐龙中最早发现的肉食爱好者。它两足行走，肉食性，体长 5.6 米，头骨硕大，颌骨发达，满嘴都是锋利的牙齿，牙齿的边缘都有小的锯齿，前后肢强壮有力，是当时中国大地上的迅猛杀手。

中国龙发现于云南省禄丰市。禄丰是一个神奇的古生物乐园，在这里发现有 20 多个属的脊椎动物。中国古动物馆的镇馆之宝——许氏禄丰龙就发现于此，当然也包括大家不太熟悉的中国龙。科学家推测中国龙的食物之一就是许氏禄丰龙。

1940 年，杨锺健先生首次描述了中国龙，化石包括一部分头骨、下颌骨、一些牙齿和肢骨。杨先生将它命名为中国龙，以“中国”为字头的名字，足见杨先生对这只肉食性恐龙的厚爱。

一冠多用

中国龙有着非常奇特的头冠——双冠。它的头顶有两个骨质的脊冠，是已知头顶双嵴的恐龙中，唯一拥有完整头骨化石的种类。

科学家对头冠进行分析发现，它的头冠不是实心的，相当脆弱，肯定不能用于争斗。这么漂亮的双冠，看来有点华而不实。有科学家推测：这种头冠有可能是用于撑开猎物腹腔以便进食。如果真是这样，那它真是为了吃，啥法子都想得出来。当然，对头冠的华而不实，还有一个更简单的猜测——为了种间识别或性展示。

“错误”的名字

中国龙目前只有一个种——三叠中国龙，因当时认为化石产出的层位属于三叠纪地层而得名。不过后来研究认为三叠中国龙生存的时代为侏罗纪早期。根据国际上生物命名的“优先律”原则，三叠中国龙不能改名了。不过它的名字起得相当大气，不改也很好。与窃蛋龙

的名字相比，真是天壤之别。

中国龙和北美洲的双嵴龙、南极洲的冰脊龙是亲戚。1987 年，古生物学家在云南禄丰发现了保存有一对完整头冠的头骨，于是将它命名为中国双嵴龙。不过后来的研究发现，它和三叠中国龙应该是一个物种。这种情况下，中国双嵴龙则被称为晚出同物异名，属于无效名称。

通过化石我们知道，2 亿年前，中国最早的肉食性恐龙曾经在云南大地上奔跑，勇往直前。现在你如果想看到中国龙，可以去云南禄丰恐龙国家地质公园寻找它的踪影。

中华盗龙：侏罗纪的“西域霸王”

中华盗龙，有“西域霸王”之称，和永川龙非常相似，是生活在侏罗纪时期的大型兽脚类恐龙。中华盗龙可不同于早前说的属于驰龙科的各种“盗龙”，它是一种真正的“中华猛龙”！

猛龙遇上罗宾汉。

发现之旅

中华盗龙的发现得益于1987~1990年开展的中加联合科考，这是我国迄今为止进行的最大的一次恐龙探险考察计划。来自中国和加拿大的三十多位古生物学家在新疆准噶尔盆地和内蒙古戈壁沙漠展开了科学、严谨的发掘工作，取得了许多卓越的成就。

这其中就包括发现于新疆准噶尔盆地石树沟组地层，由中国科学家赵喜进与加拿大科学家菲利浦·居里共同研究命名的中华盗龙模式种——董氏中华盗龙，种名“董氏”是为致谢当时考察队的中方队长董枝明。

董氏中华盗龙的化石所在围岩非常坚硬，科学家经过整整两年的努力，才最终把它修复出来。正型标本保存得非常完整，只缺少前肢和部分尾椎。经过测量，它的体长7.6米，高3米，属于幼年个体，科学家推测其成体体长可达到11.5米，而重量也能接近3.9吨。

科学家并没有在中华盗龙身上发现羽毛的痕迹，因此推测它的体表应该同其他爬行动物一样，有鳞片覆盖。

中华盗龙对阵马门溪龙

作为“西域霸主”，中华盗龙可不是等闲之辈。从化石证据上看，董氏中华盗龙的身上曾多处受伤，一根肋骨甚至断后愈合，看来生前是个不好惹的狠角色！那么中华盗龙到底会和谁打架呢？没错，马门溪龙是一个不错的选择！2009年，科学家发表了一篇有关四川的和平中华盗龙的论文，其中便论述了在化石上发现的肩胛骨骨折伤口，极有可能就是它在猎食合川马门溪龙时被反击导致的！这么看来，董氏中华盗龙敢于挑战的对象，很可能是生活在新疆的中加马门溪龙。如此看来，中华盗龙并非“盗贼”，而是侏罗纪叱咤风云的猛龙。

猛龙也出国啦

罗宾汉的故事想必大家不陌生。大约700年前，在英国诺丁汉市以北广阔的舍伍德森林中，有一伙以罗宾汉为首的绿林好汉。英国人称他为侠盗罗宾汉，虽然被称为盗，却是劫富济贫的英雄。2017年初夏，诺丁汉市迎来了一次千载难逢的恐龙展——“中国的恐龙：从撼地巨人到黑羽精灵”。来自中国新疆的中华盗龙漂洋过海，与罗宾汉在诺丁汉相遇。侠盗不是盗，盗龙不是贼，反而都是勇猛无敌的超级英雄。

中华龙鸟：震惊世界的发现

一只浑身长毛的恐龙，它的出现让科学界为之一颤，颠覆了过去人们对恐龙的认知。过去的恐龙形象都是身披鳞片，而身披原始羽毛的中华龙鸟的发现彻底改变了这个认知。

轰动世界的怪“鸟”

1995 年，辽宁省朝阳市四合屯，一位农民上山耕种，无意间发现灰白的岩石中有一块外形奇特的化石，化石骨骼随石板劈开，保存为凹面和凸面两块。

1996 年，两块化石被分别送至中国地质博物馆和中国科学院南京地质古生物研究所。时任中国地质博物馆馆长季强研究员与团队对该化石标本进行了研究。

当时国际上还没有哪个国家发现过带羽毛的恐龙化石，科学家纷纷认为这可能是一种长相酷似恐龙的“鸟”，中华龙鸟这个名字也由此而来。

在同年北美古脊椎动物学会第 56 届年会期间，中国科学院南京地质古生物研究所陈丕基研究员向国外同行展示了中华龙鸟的凸面化石照片，使它迅速成为这次大会的主角，美国各大媒体争相报道这只长着毛发的怪“鸟”。

是“中华龙鸟”还是“中华鸟龙”

随着研究不断深入，科学家意识到，这只“鸟”前肢短、尾部很长，与鸟类的亲缘关系较远，竟然是恐龙家族的美颌龙类！根据生物命名的“优先律”原则，先命名的有效学名具有优先权，但这个学名的中文译名并没有优先权之说，于是也有学者建议，把“中华龙鸟”改为“中华鸟龙”更符合它的身份。

无论怎样，恐龙身上长有羽毛，即使是原始的羽毛，也是一个颠覆性的发现，把恐龙和鸟类更紧密地联系起来。中华龙鸟于 1996 年成为全世界第一种保存了丝状皮肤衍生物的恐龙。中华龙鸟和随后其他带羽毛恐龙的发现，为小型兽脚类恐龙演化为鸟类的学说奠定了坚实的基础。

丰富的盘中餐

中华龙鸟生活在白垩纪早期，成年体长约 1 米，两足行走，它的羽毛呈丝状，形态十分原始。从口中锯齿状的牙齿可以得知，中华龙鸟以肉食为生，腹中曾发现蜥蜴（大凌河蜥）和哺乳动物（张和兽、中华俊兽）残骸。中华龙鸟与很多热河生物群动物共生，同时期的小型鱼类、蜥蜴类、哺乳类动物都是它们的盘中餐。从纤细而有力的后肢能看出，它们行动敏捷，可以快速奔跑。它们还具有超过身体一半长度的尾巴，可以在高速奔袭的过程中随时掌控平衡。

2010 年，科学家通过电子显微镜对化石羽毛中的黑素体进行研究，首次揭示了中华龙鸟的真实颜色——背侧为栗色或红褐色，尾部有白色环带。

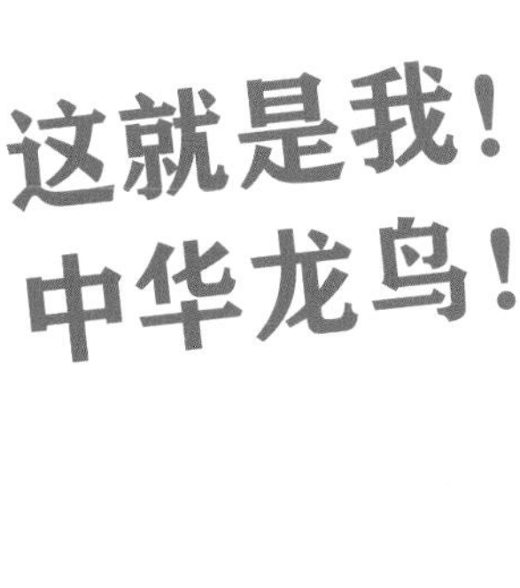

锺健龙：体重六两的小恐龙

迷你身躯里的宏伟飞天梦！

在恐龙家族中，有不少“小身材、大志向”的成员。虽然身材矮小，但在那个群龙奔腾的年代，它们一个个可都是“进步青年”，心系恐龙家族演化的未来。锺健龙则是这一家族成员里的代表。

和科学家同名

锺健龙生活在白垩纪早期，化石发现于我国的辽西地区。锺健龙属于驰龙类中的小盗龙类，目前只有一个种——杨氏锺健龙，属名和种名都是为了纪念我国古脊椎动物学的奠基人——杨锺健。

锺健龙是 2017 年正式被科研人员发表命名的，这一年也正好是杨锺健先生诞生 120 周年。用我国一位泰斗级别的科学家的名字来命名一只恐龙，足见其重要意义。锺健龙的研究者是我国大名鼎鼎的第三代恐龙学者徐星和他的学生。

已知最小的小盗龙类恐龙

自从始祖鸟被发现以来，鸟类的起源问题就在科学界争论不休。如今科学界已形成共识——鸟类是由恐龙演化而来。

在恐龙由地面生活转向蓝天的演化过程中，有一个关键点，那就是需要克服重力，身体小型化成了它们必然的选择。随着研究的深入，科学家甚至推测：恐龙到鸟类演化的关键阶段，它们的体重一般会控制在 600~1000 克，也就和咱们目前熟知的小型家禽差不多。这一推论也得到了世界各地似鸟恐龙化石证据的支持，尤其是我国辽西地区的热河生物群，如著名的小盗龙和寐龙。

锤健龙则是这个进化征程中的佼佼者。锤健龙体重仅有小盗龙体重的四分之一。赵氏小盗龙曾被认为是已知体形最小的非鸟兽脚类恐龙，其体重约为 200 克。而根据杨氏锤健龙正型标本估算，其个体体重仅为 310 克，

用中国传统的度量标准就是六两多，和一罐可乐差不多重。但值得注意的是，赵氏小盗龙标本属于生长发育阶段的幼年个体，而锤健龙标本已经是完全成熟的成年个体！所以锤健龙是已知最小的小盗龙类恐龙，这个论断毫无疑问。

这就是我！锤健龙！

诸城暴龙：中国白垩纪的最强“暴君”

诸城暴龙是白垩纪末期东方大地上的顶级掠食者，同地区的任何一种恐龙都有可能成为它的“盘中餐”，即使是体形超越暴龙、棘龙等肉食性恐龙的山东龙，见到诸城暴龙也不敢掉以轻心。

恐龙墓地

诸城暴龙的化石发现于山东诸城。诸城以发现世界上最大的恐龙墓地而闻名，出土了大量白垩纪晚期的恐龙骨骼化石且聚集成片，属于洪水泛滥平原环境下的特异埋藏。这里发现的恐龙以鸭嘴龙类为主，最典型的就是山东龙，此外也包括诸城暴龙、中国角龙等其他恐龙类型。

恐龙帝国余晖的见证者

目前已发现的诸城暴龙化石是一个接近完整的右上颌骨和一个左齿骨的前中部，两者来自同一个体。它的齿骨略小于北美洲暴龙的某些大型标本,但明显小于著名的暴龙标本“苏”。如果你是恐龙迷，一定知道“苏”就是世界上现存最大、保存最完整的一具雷克斯暴龙化石。研究人员根据目前已发现的标本，推测诸城暴龙的完整体长为10~12米，臀部高度约4米，重约6吨。

诸城暴龙是一种两足行走的大型肉食性暴龙类恐龙，生活在白垩纪晚期。它的后肢发达，前肢短小且只有2根手指，与原始的冠龙、羽王龙亲缘关系较远，与进步的特暴龙、暴龙亲缘关系较近。

诸城暴龙是目前国内发现命名的最大的暴龙科成员，它的化石现收藏于山东诸城恐龙博物馆。有谁能想得到，诸城暴龙曾在山东平原上咆哮，见证了中生代恐龙帝国的余晖！

恐龙的新家——博物馆

中国是世界上发现恐龙种类和数量最多的国家，恐龙化石遍布我国的大江南北，那么这些被挖掘出来的恐龙化石会被放在哪儿呢？哪儿才是恐龙的新家呢？答案就是全国各地的博物馆。现在让我们一起去参观恐龙的新家吧！如果你去过其中哪一座博物馆，可以将书中附赠的恐龙贴纸贴在相应的打卡位置哟！

中国科学院古脊椎动物与古人类研究所标本馆

中国规模最大的古脊椎动物和古人类化石标本馆

- 该馆为中国恐龙化石收藏的核心地点。
- 该馆目前馆藏标本达 40 多万件。
- 该馆汇集了近年来研究热点区域的化石标本，如辽西热河生物群化石、云南曲靖古生物鱼类化石、贵州关岭海生爬行动物化石、广西崇左现代人化石等。

地点：北京市

中国古动物馆

- 该馆收藏有中国人自己研究装架的“中华第一龙”——许氏禄丰龙的正型标本。
- 该馆的“迎宾龙”——棘鼻青岛龙是多次出访他国的“外交大使”。
- 该馆展出了古鱼类、古两栖类、古爬行类、古鸟类、古哺乳动物、古人类化石以及石器和艺术品。

地点：北京市

北京自然博物馆

中华人民共和国依靠自己的力量筹建的第一座大型自然历史博物馆

● 该馆的标本楼内有标本藏品近 33 万件，许多标本在国内、国际上都堪称孤品。

● 该馆收藏了中国唯一的恐龙木乃伊化石。

● 该馆为国家一级博物馆，被联合国教科文组织中国组委会命名为“科学与和平教育基地”。

地点：北京市

河南自然博物馆

展示有世界上体腔最大的恐龙——汝阳黄河巨龙的博物馆

● 该馆的镇馆之宝之一——西峡巨型长形蛋是南阳恐龙蛋化石群中最珍贵的一种，该化石群被称为“20 世纪世界第九大自然奇迹”。

● 该馆收藏的“义马银杏”化石标本是全球公认的典型银杏化石代表，也是河南最有影响力的古植物化石。

地点：河南省郑州市

辽宁古生物博物馆

中国迄今规模最大的古生物博物馆

● 馆藏有几大“世界之最”：世界上最早的花——辽宁古果和中华古果，迄今世界上发现的最早的带羽毛恐龙——赫氏近鸟龙，迄今发现的体形最小的柱齿兽类——微小柱齿兽。

● 该馆设有辽宁大型恐龙厅，厅内长达 15 米的辽宁巨龙是该馆首次发现并研究的。

● 该馆位于沈阳师范大学校园内。如果你长大后想进一步研究古生物，可以考虑来这儿：全国第一家古生物学院——沈阳师范大学古生物学院。

地点：辽宁省沈阳市

重庆自然博物馆

建筑设计理念源于自然现象“根包石”，代表绿色生态理念的博物馆

● 该馆的设计以重庆市树黄桷树扎根巴渝土地的岩石之中为灵感，彰显了自然界旺盛的生命力，展现了一种自然之美。

● 该馆的前身是中国西部科学院——中国第一所民办科学院。

● 该馆的恐龙展厅主要收集的是四川盆地中生代时期的恐龙动物群化石，如凶猛的甘氏四川龙、具有尾锤的李氏蜀龙等。

地点：重庆市

自贡恐龙博物馆

中国第一座专业恐龙博物馆

● 该馆是在世界著名的“大山铺恐龙化石群遗址”上就地兴建的一座大型遗址类博物馆，是亚洲建成最早、影响最大的恐龙博物馆，也是世界三大恐龙遗址博物馆之一。

● 该馆馆藏化石标本几乎囊括了2.05亿~1.35亿年前侏罗纪时期所有已知恐龙种类，是目前世界上收藏和展示侏罗纪恐龙化石最多的地方，被《美国国家地理》评价为“世界上最好的恐龙博物馆”，享有“东方龙宫”的美誉。

地点：四川省自贡市

河源恐龙博物馆

拥有世界上数量最多的恐龙蛋化石的博物馆

● 2004年，该馆因馆藏的10008枚恐龙蛋入选吉尼斯世界纪录。如今，馆藏恐龙蛋早已达到18000多枚，数量稳居世界之最。这些恐龙蛋种类丰富，有长形、棱柱形、椭圆形、扁圆形、圆形等多种形态。

地点：广东省河源市

嘉荫恐龙国家地质公园

中国最早发掘组装第一具恐龙化石的地方

● 该地质公园内因“龙”而闻名的山——龙骨山，出土了中国最早组装的恐龙化石——黑龙江满洲龙。龙骨山的恐龙化石十分丰富。经估算，龙骨山地区埋藏恐龙化石骨架达100余个。

● 科学家在嘉荫县找到了白垩纪与古近纪的分水岭，这是约6600万年前地球发生物种大灭绝的时间“点”，中国的恐龙也就是在这里最后消失的。

地点：黑龙江省嘉荫县

中国地质大学（武汉）逸夫博物馆

首座被认定为国家AAAA级旅游景区的高校博物馆

● 该馆馆藏主要是由几代地质学者、该校师生自20世纪以来在各种艰苦的野外环境下采集、积累起来的，也包括了校友和国际友人等捐赠的标本以及部分购置的标本。目前馆藏各类地质标本40000余件，其中自然界罕见的珍品3000余件。

● 馆内设置了特别的长廊，可以看到地球46亿年沧桑巨变和地球生命38亿年的进化史。

地点：湖北省武汉市

大连自然博物馆

位于海滨、珍藏大量海洋生物标本的博物馆

● 该馆收藏了 20 余种海兽标本，其种类和数量在国内自然史博物馆中是最多的，是一座名副其实的“深海龙宫”。其中重达 66.7 吨的黑露脊鲸标本，在国内独一无二，在亚洲也属罕见。

● 该馆收藏了一窝鹦鹉嘴龙化石，这是世界上迄今为止唯一的、数量最多、保存最完整的国宝级化石标本。

地点：辽宁省大连市

山西地质博物馆

山西省唯一一座普及地球科学知识的专业科技类博物馆

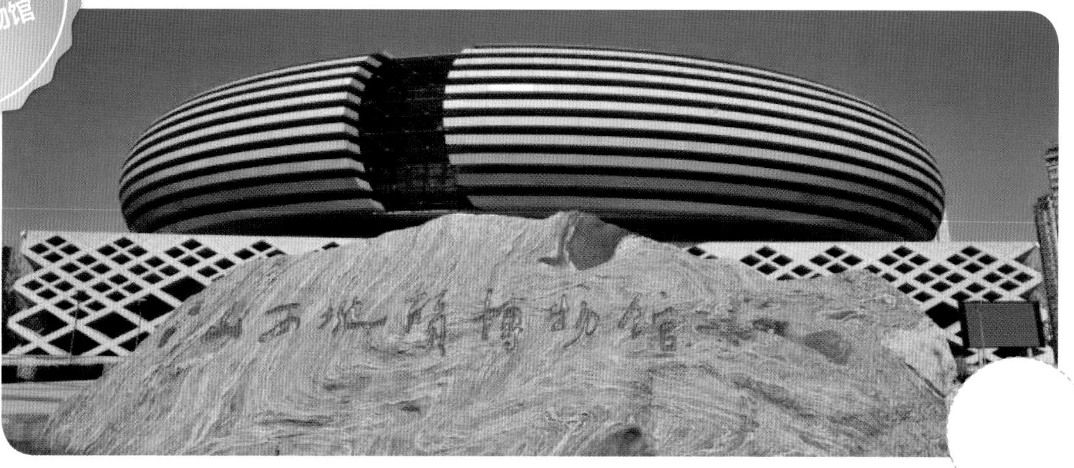

● 该馆馆藏山西山西鳄、王氏鳄等化石在全世界是独一无二的。

● 该馆收藏了很多发现于山西的恐龙，如大同云冈龙、王氏晋北龙。其中王氏晋北龙是山西省内发现的第一种具有鉴定意义的兽脚类恐龙。

地点：山西省太原市

安徽省地质博物馆

陈列面积是中国同类博物馆中最大的博物馆

● 该馆收藏了国内著名的生物群化石，如贵州海生爬行动物群化石、辽西热河生物群化石、山东山旺动物群化石等；此外还有安徽特色化石群标本，如淮南生物群化石、巢湖鱼龙动物群化石、皖南恐龙动物群化石等。

● 该馆收藏的岩寺皖南龙是安徽境内发现的第一块恐龙化石。

● 该馆收藏了世界上最早的处于分娩状态的巢湖龙化石。

地点：安徽省合肥市

内蒙古自然博物馆

泛北极圈自然资源特色鲜明的博物馆

● 该馆的镇馆之宝巴彦淖尔龙，化石的完整度高达95%以上，非常罕见。这是中国发现的最完整的禽龙类化石。

● 该馆收藏了中国目前发现的白垩纪时期个体最大的恐龙——查干诺尔龙。

地点：内蒙古自治区呼和浩特市

中华恐龙园

以恐龙为主题的一站式旅游度假区

● 恐龙园中的标志性建筑物——中华恐龙馆是收藏和展示中国恐龙化石最为集中的专题博物馆，收藏有许氏禄丰龙、山东龙等。

● 在这儿，除了能看到很多恐龙化石和恐龙表演，你还可以与恐龙住在一间屋子里，和恐龙一起吃饭。

地点：江苏省常州市

集遗址保护、观光休闲、科普科考等为一体的恐龙文化旅游主题公园

禄丰世界恐龙谷

● 公园分为“恐龙遗址科考观光区”和“侏罗纪世界旅游区”两大区域，游客可以观看到真实的恐龙挖掘现场。

● 它拥有世界上规模最大的、保存最完整的中侏罗世晚期恐龙大墓地。在已发掘的剖面上，裸露着多具恐龙个体骨骼化石和蛇颈龟化石。

地点：云南省禄丰市

昌吉恐龙馆

新疆首座古生物博物馆

● 该馆每年都会联合中国科学院古脊椎动物与古人类研究所举办科普教育联展活动。

● 该馆收藏有震惊世界的“九龙壁”——西域肯氏兽化石。此化石完整保存了9具小型爬行动物的化石骨架。

地点：新疆维吾尔自治区昌吉市

诸城恐龙博物馆

“中国龙城”——山东诸城“恐龙之旅”不可错过的博物馆

● 该馆因收藏有吉尼斯世界纪录保持者“巨大诸城龙”而闻名于世，也被称为“巨龙馆”。

地点：山东省诸城市

南京古生物博物馆

毗邻南朝第一寺——鸡鸣寺的古生物专业博物馆

● 馆藏标本以古无脊椎动物、古植物和微体古生物为主，其中以澄江动物群和热河生物群的化石标本最为珍贵，堪称国宝级的化石精品。

地点：江苏省南京市

浙江自然博物院安吉馆

亚洲单体建筑最大的自然博物馆

● 该馆收藏有壮观的三角龙头骨、接近完整的亚冠龙骨架、精美的巧龙化石以及 20 多具世界著名恐龙骨架模型。

● 馆藏有浙江龙、缙云甲龙等浙江本土恐龙。

地点：浙江省安吉县

词汇表

将今论古： 在地质学研究过程中，通过各种地质事件遗留下来的地质现象与结果，利用现在地质作用的规律，反推古代地质事件发生的条件、过程及特点。

模式种： 一个属中首次被发现、描述并发表的物种称为模式种。

正型标本： 建立一个新物种的基础，这件标本上保存有新物种的主要鉴定特征。

科： 生物分类法中的一级，位于目和属之间。

属： 种的综合，包括若干同源的和形态构造、生理特征相似的种。

种： 生物分类学研究的基本单位，是生物进化过程中客观存在的实体。

兽脚类恐龙： 依靠两条腿行走的一类恐龙，大多数兽脚类恐龙具有尖锐的爪子和锋利的牙齿，是肉食性动物。它们的体形差别巨大，有的如鸽子般大小，有的体长达十几米。

蜥脚类恐龙： 四条腿行走的植食性恐龙，具有长脖子、长尾巴，身躯庞大。它们大都群居生活。

鸟脚类恐龙： 很多鸟脚类恐龙可以用四条腿行走，也可以用两条腿行走，它们具有喙状的嘴，牙齿数量很多，奔跑速度快，前肢可以抓取食物。

喙： 泛指没有长牙齿的嘴巴。

劳亚大陆：位于北半球的古大陆。范围包括几乎整个北美洲（除西部）和欧洲（除意大利等）以及亚洲的大部分（除印度和阿拉伯半岛等）。现在北半球的各大陆，都是劳亚大陆在古生代以后分裂和迁移的结果。

冈瓦纳大陆：位于南半球的古大陆。范围大体上包括今印度半岛、阿拉伯半岛、澳大利亚、非洲、南美洲和南极洲。

盘古大陆：地球古生代至中生代期间形成的一大片陆地。盘古大陆后来分成了两块：冈瓦纳大陆和劳亚大陆。

被子植物：植物界中最高等的类群。花的主要部分为雄蕊和雌蕊，此外亦常具花萼和花冠。种类繁多，几达 30 万种。

裸子植物：植物界的一类。现存有 15 科 79 属约 850 种，中国有 10 科 34 属约 250 种。有苏铁纲、银杏纲、松杉纲和盖子植物纲四纲。

内陆湖：湖水不能经由河流外泄入海的湖泊。

热河生物群：生活在白垩纪早期东北亚和中亚部分地区的一个生物群，核心区域为中国辽宁西部、河北北部和内蒙古东南部，涵盖了恐龙、鸟类、哺乳类、鱼类、两栖类和昆虫类等动物类群以及银杏类、苏铁类、被子植物等植物类群。

中国恐龙五宝：2011 年，中国古动物馆从展出的中国境内发现的恐龙中挑选出了 5 种代表性恐龙，这 5 种恐龙分别是青岛龙、小盗龙、马门溪龙、单脊龙和禄丰龙。它们既能代表恐龙的主要产地，又能代表不同的恐龙种类。中国古动物馆以它们为原型，创作了 5 种卡通形象。这 5 种卡通形象深受小朋友们的喜爱。

后记

截至2021年12月，中国已经研究命名的恐龙有336种，数量位居世界第一。与此同时，这个数字每年还在继续增长。中国可以说是一个名副其实的研究恐龙的大国。

在中国，说到恐龙，就不得不提中国科学院古脊椎动物与古人类研究所。它是研究中国恐龙的一支重要力量，不仅在国内享有很高的地位，在国际上也是声名显赫。中国古动物馆则是依托中国科学院古脊椎动物与古人类研究所建立的，是中国第一家以古生物化石为载体，系统普及古生物学、古生态学、古人类学及进化论知识的国家级自然科学类专题博物馆。

2020年4月至2021年4月，中国古动物馆分别策划了“每天一只中国龙”和“中国恐龙的新家”两期科普活动。在“每天一只中国龙”的活动中，中国古动物馆精心挑选了60种有代表性的中国恐龙，将它们的故事用一篇篇生动、有趣的文章呈现出来。这些文章在中国古动物馆的官方微信公众号一经推出，便受到了小读者的追捧。许多小读者也因此成了中国古动物馆的粉丝。以前，大家熟知的都是霸王龙、三角龙、梁龙等国外的恐龙，对于中国恐龙了解得非常少。通过这次活动，小读者不仅对中国恐龙有了进一步的认识，还了解了中国恐龙最新的研究成果以及背后的科学家故事。在“中国恐龙的新家”活动中，中国古动物馆联合全国 20 家博物馆和科研院所，通过现场直播的方式，向大家介绍他们特色的中国恐龙化石展品和藏品。当我们去全国各地旅游时，可以抽出时间去看一看这些在中国发现的恐龙以及它们落户的“新家”。

参观中国古动物馆的大多是孩子，我们衷心希望在中国大地上发现的恐龙能一直陪伴着孩子们的童年时光，不断激发他们的好奇心和求知欲。感谢安徽少年儿童出版社出版《每天认识一只中国恐龙》这本书，为中国孩子了解中国恐龙打开了一扇门，也让中国恐龙的形象扎根本土、走向世界。

最后，感谢各家博物馆的支持，感谢中国科学院古脊椎动物与古人类研究所的尤海鲁研究员、Paul Rummy 博士以及美国爱荷华大学潘放的指导和帮助。

中国古动物馆副馆长 张平